机械工程与设备维修技术

李书霖 杨 锐 吴世运 主编

汕頭大學出版社

图书在版编目（CIP）数据

机械工程与设备维修技术 / 李书霖，杨锐，吴世运
主编 . -- 汕头 : 汕头大学出版社，2024.4
ISBN 978-7-5658-5275-6

Ⅰ . ①机… Ⅱ . ①李… ②杨… ③吴… Ⅲ . ①机械工
程 Ⅳ . ① TH

中国国家版本馆 CIP 数据核字（2024）第 083562 号

机械工程与设备维修技术
JIXIE GONGCHENG YU SHEBEI WEIXIU JISHU

主　　编：李书霖　杨　锐　吴世运
责任编辑：黄洁玲
责任技编：黄东生
封面设计：刘梦杳
出版发行：汕头大学出版社
　　　　　广东省汕头市大学路 243 号汕头大学校园内　邮政编码：515063
电　　话：0754-82904613
印　　刷：廊坊市海涛印刷有限公司
开　　本：710mm×1000mm　1/16
印　　张：10.5
字　　数：180 千字
版　　次：2024 年 4 月第 1 版
印　　次：2024 年 4 月第 1 次印刷
定　　价：56.00 元
ISBN 978-7-5658-5275-6

编委会

主　编　李书霖　杨　锐　吴世运

副主编　刘　晨　陈道伟　牛　栋

　　　　刘佳杰　周孟建　闫晓红

　　　　何建江

编　委　王玉顺　杨德辽　马大兵

前　言

| PREFACE |

随着人类社会的发展，机械结构和自动控制系统两部分有机地结合在一起，使具有自动化功能的机器越来越多，如各种数控机床、机器人、自动化生产线、运载火箭、航天飞船等。虽然不同的自动化系统具有不同的结构和不同的性能指标要求，但是一般都要求系统具有稳定性、快速性和准确性。为了使机电一体化系统具有优良的性能，系统的设计者不仅要拥有全面的现代机械设计理论知识和丰富的实践经验，还要拥有设计自动控制系统的理论和经验。

随着现代科技不断发展进步，各种机电设备的自动化程度也越来越高。但是，任何机电设备都是有一定工作寿命的，在运行过程中，也可能出现一些导致其故障的因素。为此，设备故障的预防、诊断、维修工作必不可少。开展设备故障诊断与维修工作的直接目的和基本任务之一就是预防和排除机电设备故障，保证人身和设备的安全。每年都有大量因为各种因素而导致的重大设备事故，这反复地提醒人们为了避免设备事故，保障人身和设备的安全，积极推进设备故障诊断技术的研究，并在现场开展这方面的工作，已到了刻不容缓的地步。设备管理与企业生产正常运行、环境保护、产品质量、节能降耗密切相关，是企业生产的重要物质基础和技术保障，设备管理工作的地位和作用愈显重要。

本书围绕"机械工程与设备维修技术"这一主题，诠释了机械零件修复技术等内容，以期为读者理解与践行机械工程与设备维修提供有价值的参考和借鉴。本书内容详实、条理清晰、逻辑合理，兼具理论性与实践性，适用于从事相关工作与研究的专业人员。

由于笔者水平有限，书中难免存在错误和不妥之处，恳请广大读者批评指正。

目　录

| CONTENTS |

第一章　机械工程基础知识

第一节　机械基本概念

在机械工程学中，机械是机器和机构的总称。

一、机器

机器基本由原动部分、工作部分和传动部分组成。传动部分是把原动部分的运动和动力传递给工作部分的中间环节。

机器通常具备以下三个共同特征。

（1）机器是由许多构件组合而成的。如钢筋切断机由电动机通过带传动及齿轮传动减速机，带动由曲柄、连杆和滑块组成的曲柄滑块机构，使安装在滑块上的活动刀片周期性地靠近或离开安装在机架上的固定刀片，完成切断钢筋的工作循环。其原动部分为电动机，工作部分为刀片，传动部分包括带传动、齿轮传动和曲柄滑块机构。

（2）机器的构件之间具有确定的相对运动。

（3）机器可以用来代替人的劳动，完成有用的机械功或者实现能量转换。如运输机可以改变物体的空间位置，电动机能把电能转换成机械能等。

二、机构

通常把具有确定相对运动构件的组合称为机构。机构与机器不同，机构具有机器的前两个特征，而不具备最后一个特征。因此机构和机器的区别是机构的主要功用在于传递或转变运动的形式，而机器的主要功用是利用机械能做功或进行能量转换。

三、运动副

使两物体直接接触而又能产生一定相对运动的连接，称为运动副。根据运动副中两机构接触形式的不同，运动副可分为低副和高副。

（一）低副

低副是指两构件之间作面接触的运动副。按两构件的相对运动情况，可分为如下几类。

1.转动副

转动副指两构件在接触处只允许做相对转动，如由轴和瓦之间组成的运动副。

2.移动副

移动副指两构件在接触处只允许做相对移动，如由滑块与导槽组成的运动副。

3.螺旋副

螺旋副指两构件在接触处只允许做一定关系的转动和移动的复合运动，如丝杠与螺母组成的运动副。

（二）高副

高副是两构件之间作点或线接触的运动副。按两构件的相对运动情况，可分为如下几类。

1.滚轮副

例如，由滚轮和轨道组成的运动副。

2.凸轮副

例如，凸轮与从动杆组成的运动副。

3.齿轮副

例如，两齿轮轮齿的啮合组成的运动副。

第二节　机械连接

由于使用、结构、制造、装配、运输等原因，机器中有相当多的零件需要彼此连接。被连接的零部件间相互固定而不能做相对运动的称为静连接，能按一定运动形式做相对运动的称为动连接。轴和轴承、导向平键和导向花键连接、螺旋传动、铰链、导轨等都是动连接。螺纹连接大多用于静连接，能经常装拆，应用广泛。

从传递载荷（力或力矩）的工作原理来看，连接又可分为摩擦的和非摩擦的两大类，前者靠连接中接合面间的摩擦来传递载荷，后者通过连接中零件的相互嵌合来传递载荷。

连接要力求与被连接件的强度相等，这样才有可能充分发挥连接中各零件潜在的承载能力。不过由于结构、工艺和经济上的原因，时常不能达到等强度设计，这时连接的强度由连接中最薄弱环节的强度决定。

一、螺栓连接和销连接

（一）螺栓连接

螺栓是由头部和螺杆两部分组成的一类紧固件，需与螺母配合，用于紧固连接两个带有通孔的零件。这种连接形式称为螺栓连接，属于可拆卸连接。

按连接的受力方式，可分为普通螺栓和铰制孔用螺栓。铰制孔用螺栓要和孔的尺寸配合，主要用于承受横向力。按头部形状，螺栓可分为六角头、圆头、方形头和沉头螺栓等。按照性能等级，螺栓可分为高强度螺栓和普通螺栓。

（二）销轴连接

销连接用来固定零件间的相互位置，也可用于轴和轮毂或其他零件的连接以传递较小的荷载，有时还用作安全装置中的过载剪切元件。

销主要有圆柱销和圆锥销两种。一般用于固定零件之间的相对位置，起定位作用，也可用于轴与轮毂的连接，传递较小的载荷，还可作为安全装置中的过载剪断元件。

二、轴系零部件

（一）轴

轴是组成机器中最基本的零件，一切做旋转运动的传动零件，都必须安装在轴上才能实现旋转和传递动力。

1.常用轴的种类

按照轴的轴线形状不同，可以把轴分为曲轴和直轴两大类。曲轴可以将旋转运动改变为往复直线运动或者做相反的运动转换。直轴应用最为广泛，按照其外形不同，可分为光轴和阶梯轴两种。

按照轴所受载荷的不同，可将轴分为心轴、转轴和传动轴三类。

（1）心轴。心轴通常指只承受弯矩而不承受转矩的轴。如自行车的前轴。

（2）转轴。转轴指既承受弯矩又承受转矩的轴。转轴在各种机器中最为常见。

（3）传动轴。传动轴指只受转矩不受弯矩或受很小弯矩的轴。车床上的光轴，连接汽车发动机输出轴和后桥的轴，均是传动轴。

2.轴的结构

轴主要由轴颈、轴头、轴身和轴肩、轴环构成。

（二）轴上零件的固定

轴上零件的固定可分为周向固定和轴向固定。

1.周向固定

不允许轴与零件发生相对转动的固定，称为周向固定。常用的固定方法有楔键连接、平键连接、花键连接和过盈配合连接等。

过盈配合连接的特点是轴的实际尺寸比孔的实际尺寸大，安装时利用打入、压入、热套等方法将轮毂装在轴上，通常用于有震动、冲击和不需经常装拆的场合。

2.轴向固定

不允许轴与零件发生相对的轴向移动的固定，称为轴向固定。常用的固定方法有轴肩、螺母、定位套筒和弹性挡圈等。

（1）轴肩。轴肩用于单方向的轴向固定。

（2）螺母。轴端或轴向力较大时可用螺母固定。为防止螺母松动，可采用双螺母或带翅垫圈。

（3）定位套筒。定位套筒一般用于两个零件间距离较小的情况。

（4）弹性挡圈（卡环）。当轴向力较小时，可采用弹性挡圈进行轴向定位，具有结构简单、紧凑等特点。

（三）轴承

轴承是用于支承轴颈的部件，它能保证轴的旋转精度，减小转动时轴与支承间的摩擦和磨损。根据轴承摩擦性质的不同，轴承可分为滑动轴承和滚动轴承两类。

1.滑动轴承

滑动轴承一般由轴承座、轴承盖、轴瓦和润滑装置等组成。

滑动轴承与轴之间的摩擦为滑动摩擦，其工作可靠、平稳且无噪音，润滑油具有吸振能力，故能承受较大的冲击载荷，能用于高速运转。根据轴承的润滑状态，滑动轴承可分为非液体摩擦滑动轴承（动压轴承）和液体摩擦滑动轴承（静压轴承）两大类；按照所受载荷方向不同，可分为向心滑动轴承、推力滑动轴承和向心推力滑动轴承。

轴瓦是滑动轴承与轴接触的部分，是滑动轴承的关键元件。它一般用青铜、减摩合金等耐磨材料制成，滑动轴承工作时，轴瓦与转轴之间要求有一层很薄的油膜起润滑作用。轴瓦分为整体式、剖分式和分块式三种。

2.滚动轴承

滚动轴承由内圈、外圈、滚动体和保持架组成。按照滚动体形状的不同，滚动轴承可分为滚珠轴承和滚柱轴承；若按轴承载荷类型的不同，可分为向心轴承和推力轴承两大类。

滚动轴承有以下特点：

（1）由于滚动摩擦代替滑动摩擦，摩擦阻力小，启动快，效率高；

（2）对于同一尺寸的轴颈，滚动轴承的宽度比滑动轴承的小，可使机器轴向尺寸小，结构紧凑；

（3）运转精度高，径向游隙比较小，并可用预紧完全消除；

（4）冷却、润滑装置结构简单，维护保养方便；

（5）不需要用有色金属，对轴的材料和热处理要求不高；

（6）滚动轴承为标准化产品，统一设计、制造，大批量生产，成本低；

（7）点、线接触，缓冲、吸振性能较差，承载能力低，寿命短，易点蚀。

（四）联轴器

联轴器是用来连接不同机构中的两根轴（主动轴和从动轴）使之共同旋转以传递扭矩的机械零件。在高速重载的动力传动中，有些联轴器还有缓冲、减振和提高轴系动态性能的作用。联轴器由两半部分组成，分别与主动轴和从动轴连接。一般动力机大都借助于联轴器与工作机相连接。常用的联轴器可分为刚性联轴器、弹性联轴器和安全联轴器三类。

1.刚性联轴器

刚性联轴器是通过若干刚性零件将两轴连接在一起，可分为固定式和可移式两类。这类联轴器结构简单，成本较低，但对中性要求高，一般用于平稳载荷或只有轻微冲击的场合。

凸缘联轴器是一种常见的刚性固定式联轴器。凸缘联轴器由两个带凸缘的半联轴器用键分别和两轴联在一起，再用螺栓把两半联轴器联成一体。凸缘联轴器有两种对中方法：一种是用半联轴器结合端面上的凸台与凹槽相嵌合来对中；另一种是用部分环配合对中。

滑块联轴器是一种常见的刚性移动式联轴器。它由两个带径向凹槽的半联轴器和一个两面具有相互垂直的凸榫的中间滑块所组成，滑块上的凸榫分别和两个半联轴器的凹槽相嵌合，构成移动副，故可补偿两轴间的偏移。当转速较高时，由于中间滑块的偏心将会产生较大的离心惯性力，给轴和轴承带来附加载荷，所以只适用于低速、冲击小的场合。

2.弹性联轴器。

弹性联轴器种类繁多，它具有缓冲吸振，可补偿较大的轴向位移、微量的径向位移和角位移等特点，用在正反向变化多、启动频繁的高速轴上。

3.安全联轴器

安全联轴器有一个只能承受限定载荷的保险环节，当实际载荷超过限定的载荷时，保险环节就发生变化，截断运动和动力的传递，从而保护机器的其余部分不致损坏。

第三节　机械传动

传动分为机械传动、流体传动和电传动三类。

机械传动的作用为传动能量和能量的分配、转速的改变、运动形式的改变（如回转运动改变为往复运动）。

机械传动分为啮合传动和摩擦传动。机械传动又可分为直接接触的传动和有中间机件的传动两种。

摩擦传动的外廓尺寸较大，由于打滑和弹性滑动等原因，其传动比不能保持恒定。但它的回转体要比啮合传动简单，即使精度要求很高，制造也不困难。摩擦传动运行平稳、无噪声。大部分摩擦传动都能起安全作用，可借助接触零件的打滑来限制传递的最大转矩。摩擦传动的另一个优点是易于实现无级调速，无级变速装置中以摩擦传动作基础的较多。

啮合传动具有外廓尺寸小、效率高（蜗杆传动除外）、传动比恒定功率范围广等优点。但因靠金属元件间齿的啮合来传递动力，所以在其高速运行时很小的制造误差和齿廓变形也将引起冲击和噪声，这是啮合传动的主要缺点。

一、齿轮传动

齿轮传动是由齿轮副组成的传递运动和动力的一套装置，所谓齿轮副是由两个相啮合的齿轮组成的基本结构。

（一）齿轮各部分名称

齿槽：齿轮上相邻两轮齿之间的空间。

齿顶圆：通过轮齿顶端所作的圆称为齿顶圆。

齿根圆：通过齿槽底所作的圆称为齿根圆。

齿厚：一个齿的两侧端面齿廓之间的弧长称为齿厚。

齿槽宽：一个齿槽的两侧齿廓之间的弧长称为齿槽宽。

分度圆：齿轮上具有标准模数和标准压力角的圆称为分度圆；对于标准齿轮，分度圆上的齿厚和槽宽相等。

齿距：相邻两齿上同侧齿廓之间的弧长称为齿距。

齿高：齿顶圆与齿根圆之间的径向距离称为齿高。

齿顶高：齿顶圆与分度圆之间的径向距离称为齿顶高。

齿根高：齿根圆与分度圆之间的径向距离称为齿根高。

齿宽：齿轮的有齿部位沿齿轮轴线方向量得的齿轮宽度。

（二）直齿圆柱齿轮传动

1.啮合条件
两齿轮的模数和压力角分别相等。

2.中心距
一对标准直齿圆柱齿轮传动，由于分度圆上的齿厚与齿槽宽相等，所以两齿轮的分度圆相切，且作纯滚动，此时两分度圆与其相应的节圆重合。

（三）斜齿圆柱齿轮传动

1.斜齿圆柱齿轮齿面的形成
斜齿圆柱齿轮是齿线为螺旋线的圆柱齿轮。斜齿圆柱齿轮的齿面制成渐开螺旋面。渐开螺旋面的形成，是一平面（发生面）沿着一个固定的圆柱面（基圆柱面）作纯滚动时，此平面上的一条以恒定角度与基圆柱的轴线倾斜交错的直线在空间内的轨迹曲面。

2.斜齿圆柱齿轮传动的特点
斜齿圆柱齿轮传动和直齿圆柱齿轮传动一样，仅限于传递两平行轴之间的运动；齿轮承载能力强，传动平稳，可以得到更加紧凑的结构；但在运转时会产生轴向推力。

（四）齿条传动

齿条传动主要是把齿轮的旋转运动变为齿条的直线往复运动，或把齿条的直线往复运动变为齿轮的旋转运动。

1.齿条传动的形式

在两标准渐开线齿轮传动中，当其中一个齿轮的齿数无限增加时，分度圆变为直线，称为基准线。此时齿顶圆、齿根圆和基圆也同时变为与基准线平行的直线，并分别叫齿顶线、齿根线。这时齿轮中心移到无穷远处，同时基圆半径也增加到无穷大。这种齿数趋于无穷多的齿轮的一部分就是齿条。因此，齿条是具有一系列等距离分布齿的平板或直杆。

2.齿条传动的特点

由于齿条的齿廓是直线，所以齿廓上各点的法线是平行的。在传动时齿条做直线运动。齿条上各点速度的大小和方向都一致。齿廓上各点的齿形角都相等，其大小等于齿廓的倾斜角，即齿形角为20°。

（五）蜗杆传动

蜗杆传动是一种常用的齿轮传动形式，其特点是可以实现大传动比传动，广泛应用于机床、仪器、起重运输机械及建筑机械中。

蜗杆传动由蜗杆和蜗轮组成，传递两交错轴之间的运动和动力，一般以蜗杆为主动件，蜗轮为从动件。通常，工程中所用的蜗杆是阿基米德蜗杆，它的外形很像一根具有梯形螺纹的螺杆，其轴向截面类似于直线齿廓的齿条。蜗杆有左旋、右旋之分，一般为右旋。

蜗杆传动的主要特点如下。

（1）传动比大。蜗杆与蜗轮的运动相当于一对螺旋副的运动，其中蜗杆相当于螺杆，蜗轮相当于螺母。

（2）蜗杆的头数很少，仅为1～4，而蜗轮齿数却可以很多，因此能获得较大的传动比。单级蜗杆传动的传动比一般为8～60，分度机构的传动比可达500以上。

（3）工作平稳、噪音小。

（4）具有自锁作用。当蜗杆的螺旋升角≤6°时（一般为单头蜗杆），无论在蜗轮上加多大的力都不能使蜗杆转动，而只能由蜗杆带动蜗轮转动。这一性质对某些起重设备很有意义，可利用蜗轮蜗杆的自锁作用使重物吊起后不会自动落下。

（5）传动效率低。一般阿基米德单头蜗杆传动效率为0.7～0.9。当传动比很大、蜗杆螺旋升角很小时，效率甚至在0.5以下。

二、带传动

带传动是由主动轮、从动轮和传动带组成的，靠带与带轮之间的摩擦力来传递运动和动力。

（一）带传动的特点

与其他传动形式相比较，带传动具有以下特点。

（1）由于传动带具有良好的弹性，所以能缓和冲击，吸收振动，传动平稳，无噪声。因为带传动存在滑动现象，所以不能保证恒定的传动比。

（2）传动带与带轮是通过摩擦力传递运动和动力的。因此过载时，传动带在轮缘上会打滑，从而可以避免其他零件的损坏，起到安全保护的作用。但传动效率较低，带的使用寿命短；轴、轴承承受的压力较大。

（3）适宜用在两轴中心距较大的场合，但外廓尺寸较大。

（4）结构简单，制造、安装、维护方便，成本低，但不适宜用于高温、有易燃易爆物质的场合。

（二）带传动的类型

带传动可分为平型带传动、V型带传动和同步带传动等。

1.平型带传动

平型带的横截面为矩形，已标准化。常用的有橡胶帆布带、皮革带、棉布带和化纤带等。

平型带传动主要用于两带轮轴线平行的传动，其中有开口式传动和交叉式传动等。开口式传动两带轮的转向相同，应用较多；交叉式传动两带轮的转向相反，传动带容易磨损。

2.V型带传动

V型带传动又称三角带传动，与平型带传动相比，其优点是传动带与带轮之间的摩擦力较大，不易打滑；在电动机额定功率允许的情况下要增加传递功率只要增加传动带的根数即可。V型带传动有普通V型带传动和窄V型带传动两类，常用的是普通V型带传动。

对V型带轮的基本要求是：重量轻，质量分布均匀，有足够的强度，安装时对中性良好，无铸造与焊接所引起的内应力。带轮的工作表面应经过加工，使表面光滑以减少胶带的磨损。

带轮常用铸铁、钢、铝合金或工程塑料等制成。带轮由轮缘、轮毂、轮辐三部分组成。轮缘上有带槽，它是与V型带直接接触的部分，槽数与槽的尺寸应与所选V型带的根数和型号相对应。轮毂是带轮与轴配合的部分，轮毂孔内一般有键槽，以便用键将带轮和轴连接在一起。轮辐是连接轮缘与轮毂的部分，其形式根据带轮直径大小选择。当带轮直径很小时，只能做成实心式；中等直径的带轮做成腹板式；直径大于300mm的带轮常采用轮辐式。

V型带传动的安装、使用和维护会直接影响传动带的正常工作和使用寿命。在安装带轮时，要保证两轮中心线平行，其端面与轴的中心线垂直，主、从动轮的轮槽必须在同一平面内，带轮安装在轴上不得晃动。

选用V型带时，型号和计算长度不能搞错。若V型带型号大于轮槽型号，会使V型带高出轮槽，使接触面减小，降低传动能力；若V型带型号小于轮槽型号，将使V型带底面与轮槽底面接触，从而失去V型带传动摩擦力大的优点。

为了使V型带保持一定的张紧程度和便于安装，常把两带轮的中心距做成可调整的，或者采用张紧装置。没有张紧装置时，可将V型带预加张紧力增大到1.5倍，当胶带工作一段时间后，由于总长度有所增加，张紧力就合适了。

3.同步带传动

同步带传动是一种啮合传动，依靠带内周的等距横向齿与带轮相应齿槽间的啮合来传递运动和动力。同步带传动工作时，带与带轮之间无相对滑动，能保证准确的传动比；传动效率可达0.98；传动比较大，可达12～20；允许带速可高至50m/s。但同步带传动的制造要求较高，安装时对中心距也有严格要求，价格较贵。同步带传动主要用于传动比准确的中小功率传动。

（三）带传动的维护

为了延长带传动的使用寿命，保证其正常运转，必须正确使用与维护带传动。带传动在安装时，必须使两带轮轴线平行、轮槽对正，否则会加剧磨损。安装时还应缩小轴距后套上，然后调整。严防与矿物油、酸、碱等腐蚀性介质接触，也不宜在阳光下曝晒。如有油污，可用温水或1.5%的稀碱溶液洗净。

三、链传动

链传动是由主动链轮、链条和从动链轮组成的。链轮具有特定的齿形，链条套装在主动链轮和从动链轮上。工作时，通过链条的链节与链轮轮齿的啮合来传递运动和动力。

链传动具有下列特点：

（1）链传动结构较带传动紧凑，过载能力大；

（2）链传动有准确的平均传动比，无滑动现象，但传动平稳性差，工作时有噪声；

（3）作用在轴和轴承上的载荷较小；

（4）可在温度较高、灰尘较多、湿度较大的不良环境下工作；

（5）低速时能传递较大的载荷；

（6）制造成本较高。

第四节　液压传动

液压传动是用液体作为工作介质来传递能量和进行控制的传动方式。它首先通过能量转换装置（如液压泵）将原动机（如电动机）的机械能转变为压力能，然后通过封闭管道、控制元件等，由另一能量转换装置（液压缸、液压马达）将液体的压力能转变为机械能，驱动负载，使执行机构得到所需的动力，完成所需的运动。

一、液压传动的组成

液压传动系统主要由以下五个部分组成。

（一）动力元件

动力元件主要指各种液压泵。它的作用是把原动机（电动机）的机械能转变为油液的压力能，为液压系统提供压力油，是液压系统的动力源。

（二）执行元件

执行元件指各种类型的液压缸、液压马达。其作用是将油液压力能转变为机械能，输出一定的力（或力矩）和速度，以驱动负载。

（三）控制调节元件

控制调节元件主要指各种类型的液压控制阀，如溢流阀、节流阀、换向阀等。它们的作用是控制液压系统中油液的压力、流量和流动方向，从而保证执行元件能驱动负载，并按规定的方向运动，获得规定的运动速度。

（四）辅助装置

辅助装置指油箱、过滤器、油管、管接头、压力表等。它们对保证液压系统可靠、稳定、持久地工作具有重要作用。

（五）工作介质

工作介质指各种类型的液压油。

二、液压传动的优缺点

（一）液压传动的主要优点

液压传动与机械传动、电力传动和气压传动相比，主要具备以下优点。

（1）便于实现无级调速，调速范围比较大，可达100∶1至2 000∶1。

（2）在同等功率的情况下，液压传动装置的体积小、重量轻、惯性小、结构紧凑（如液压马达的重量只有同功率电机重量的10%～20%），而且能传递较大的力或扭矩。

（3）工作平稳，反应快、冲击小，能频繁启动和换向。液压传动装置的换向频率，回转运动每分钟可达500次，往复直线运动每分钟可达400～1 000次。

（4）控制、调节比较简单，操纵比较方便、省力，易于实现自动化，与电气控制配合使用能实现复杂的顺序动作和远程控制。

（5）易于实现过载保护，系统超负载时，油液会经溢流阀流回油箱。由于采用油液作为工作介质，能自行润滑，所以寿命长。

（6）易于实现系列化、标准化、通用化，易于设计、制造和推广使用。

（7）易于实现回转、直线运动，而且元件排列布置灵活。

（8）在液压传动系统中，由于功率损失所产生的热量可由流动着的油带走，因此可避免机械本体产生过度温升。

（二）液压传动的主要缺点

（1）液体为工作介质，易泄漏，具有可压缩性，因此难以保证严格的传动比。

（2）液压传动中有较多的能量损失（摩擦损失、压力损失、泄漏损失），传动效率低，所以不宜做远距离传动。

（3）液压传动对油温和负载变化敏感，不宜在很低或很高温度下工作，对污染很敏感。

（4）液压传动需要有单独的能源（如液压泵站），液压不能像电能那样远距离传输。

（5）液压元件制造精度高、造价高，必须组织专业化生产。

（6）液压传动装置出现故障时不易查找原因，不易迅速排除。

三、液压泵和液压马达

在液压系统中，液压泵是把原动机提供的机械能转换为压力能的动力元件，其功用是给液压系统提供足够的液体压力能以驱动系统工作，而液压马达是将输入的液体压力能转换为工作机构所需要的机械能，直接或间接驱动负载连续回转而做功的执行元件。

四、液压控制阀

液压控制阀是液压系统中的控制元件，用来控制液压系统中流体的压力、流量及流动方向，以满足液压缸、液压马达等执行元件不同的动作要求，它是直接影响液压系统工作过程和工作特性的重要元器件。

根据液压控制阀在液压系统中的功用可分为方向控制阀、压力控制阀和流量控制阀。方向控制阀是用来使液压系统中的油路通断或改变油液的流动方向，从而控制液压执行元件的启动或停止，改变其运动方向的阀类，如单向阀、液控单向阀和换向阀等。压力控制阀是用来调节和控制液压系统中油液压力的阀类。按其功能和用途可分为溢流阀、减压阀、顺序阀和压力继电器等。流量控制阀通过改变节流口通流面积或通流通道的长度来改变局部阻力，从而实现对流量的控制。流量控制阀包括节流阀、调速阀等。

液压基本回路是指由一些液压元件与液压辅助元件按照一定关系组合，能够实现某种特定功能的油路结构。任何一个复杂的液压系统，总可以分解为若干个基本回路。液压基本回路按其在系统中所起的作用不同可分为多种类型，其中最常用的基本回路是压力控制回路、速度控制回路、方向控制回路和多缸动作控制回路。

第五节　建设工程机械的电气系统

一、电工学基础

（一）直流电

直流电（用DC表示）是大小和方向都不随时间变化的电流，又称恒定电流。直流电通过的电路称为直流电路，是由直流电源和电阻构成的闭合导电回路。在直流电路中，电源的作用是提供不随时间变化的恒定电动势，为在电阻上消耗的焦耳热补充能量。

（二）交流电

交流电（用AC表示）是随时间而改变方向的电流。因导线在磁场中无法永远在同一方向移动，必须做周期性的往返运动，因此其产生的电流也定期改变方向。

我国工业上普遍采用频率为50Hz的正弦交流电，在日常生活中，人们接触较多的是单相交流电，而实际工作中，人们接触更多的是三相交流电。

三相交流电是三个具有相同频率、相同振幅，但在相位上彼此相差120°的正弦交流电。三相交流电习惯上分为A、B、C三相。按国标规定，交流供电系统的电源A、B、C分别用L_1、L_2、L_3表示，其相色分别为黄色、绿色和红色。交流供电系统中电气设备接线端子的A、B、C相依次用U、V、W表示，如三相电动机三相绕组的首端和尾端分别为U_1、V_1、W_1和U_2、V_2、W_2。

（三）电流

电流是指电荷的定向移动。电流的大小称为电流强度（简称电流，符号为I），是指单位时间内通过导线某一截面的电荷量，每秒通过1库仑（C）的电量称为1安培（A）。安培是国际单位制中所有电性的基本单位。除了安培（A），常用的单位有毫安（mA）及微安（μA）。它们之间的换算关系是：1A=1 000mA；1mA=1 000μA。

（1）电流的基本计算公式：

$$I = \frac{Q}{t} = \frac{U}{R} \qquad (1-1)$$

式中：Q——电量，C；

t——时间，s；

U——电压，V；

R——电阻，Ω。

（2）电流的方向。物理上规定电流的方向是正电子的流动方向或者负电子流动的反方向。

（3）电流形成的原因。电压是使电路中电荷定向移动形成电流的原因。

（4）电流产生的条件：

①必须具有能够自由移动的电荷；

②导体两端存在电压（要使闭合回路中得到持续电流，必须要有电源）。

（5）电流的单位。电流的单位为安培，简称安，符号是A。

（6）电流的测量。电流采用电流表进行测量。

电流表的使用方法如下：

①电流表要串联在电路中；

②正负接线柱的接法要正确，电流从正接线柱流入，从负接线柱流出；

③被测电流不要超过电流表的量程；

④绝对不允许不经过用电器而把电流表直接连到电源的两极上；

⑤确认目前使用的电流表的量程；

⑥确认每个大格和每个小格所代表的电流值。

（7）电流的三大效应：热效应、磁效应、化学效应。

（8）额定电流。额定电流是指电气设备等在额定输出时的电流。电气设备标出的电流值为额定电流，如熔断器的熔体都有两个参数：额定电流与熔断电流。所谓额定电流是指长时间通过熔体而不熔断的电流。熔断电流一般是额定电流的两倍。

（四）电压

电流之所以能够在导线中流动，是因为在电流中有着高电位和低电位之间的差，这种差叫电位差，也叫电压。在电路中，任意两点之间的电位差称为这两点的电压。电压用符号U表示。电压的高低，用单位伏特表示，简称伏，用符号V表示。高电压可以用千伏（kV）表示，低电压可以用毫伏（mV）表示。

换算关系为：1千伏（kV）=1 000伏（V）；1伏（V）=1 000毫伏（mV）。

（1）电压的基本计算公式：

$$U=I·R \qquad\qquad (1-2)$$

式中：I——电流，A；

R——电阻，Ω。

（2）电压的大小用电压表测量。电压表的使用方法如下：

①使用前，先校零；

②电压表必须并联在被测电路中；

③使电流从电压表的"+"接线柱流入，"−"接线柱流出；

④所测电压不允许超过它的量程；

⑤在不知电压大小的情况下，可采用快速试触最大量程的方法；

⑥电压表可以直接接在电源的两端。

（五）电阻

导体对电流的阻碍作用就叫该导体的电阻。电阻器简称电阻（用R表示），是所有电子电路中使用最多的元件。电阻的主要物理特征是变电能为热能，也可以说它是一个耗能元件，电流经过它就产生内能。电阻在电路中通常起分压、分流的作用，对信号来说，交流与直流信号都可以通过电阻。

电阻都有一定的阻值，它代表这个电阻对电流流动阻挡力的大小。电阻的单位是欧姆，用符号Ω表示。

欧姆的定义：当在一个电阻器的两端加上1V的电压时，如果在这个电阻器中有1A的电流通过，则这个电阻器的阻值为1Ω。

在国际单位制中，电阻的单位是Ω（欧姆），此外还有$k\Omega$（千欧），$M\Omega$（兆欧）。它们之间的换算关系是：$1M\Omega=1\,000k\Omega$，$1k\Omega=1\,000\Omega$。

（六）电路

电路是电流所流经的路径。电路或称电子回路，是由电气设备和元器件按一定方式连接起来，为电荷流通提供了路径的总体，也叫电子线路或称电气回路，简称网络或回路。如电阻、电容、电感、二极管、三极管和开关等构成的网络。

1.串联电路

电流依次通过每一个组成元件的电路叫串联电路。串联电路的基本特征是只有一条支路。串联电路还具备以下五个特点：

（1）流过每个电阻的电流相等；

（2）总电压（串联电路两端的电压）等于分电压（每个电阻两端的电压）之和；

（3）总电阻等于分电阻之和；

（4）各电阻分得的电压与其阻值成正比；

（5）各电阻分得的功率与其阻值成正比。

串联电路的优点：若想用一个开关控制所有电路，即可使用串联电路。

串联电路的缺点：若电路中有一个用电器坏了，就意味着整个电路发生故障。

2.并联电路

并联电路是指在电路中，所有电阻（或其他电子元件）的输入端和输出端分别被连接在一起。在并联电路中，每一元件两端的电压U都是相同的，流过每一元件的电流I不会受其他元件影响，它会根据元件的电阻R而有所不同。并联电路有如下五个特点：

（1）干路电流等于各支路电流之和；

（2）干路电压等于各支路电压；

（3）总电阻的倒数等于各电阻的倒数之和；

（4）并联电路中通过各导体的电流强度跟它的电阻成反比，即在并联电路中，电阻越小，通过的电流强度越大；

（5）并联电路中各电阻消耗的电功率跟它的阻值成反比，即在并联电路中，电阻越小，消耗的电功率越大。

（七）电感

电感是衡量线圈产生自感磁通本领大小的物理量，用字母L表示，单位是亨利，用字母H表示。此外，其单位还有mH、μH，三者之间的换算关系是：$1H=10^3 mH=10^6 \mu H$。

电感分为互感和自感两种。互感指两个线圈之间的电磁感应，如电流互感器等。自感指由于通过线圈本身的电流变化而引起的电磁感应。

（八）电功率

电功率是衡量用电器消耗电能快慢的物理量，也就是电流在单位时间内所做的功，用P表示，它的单位是瓦特，简称瓦，用字母W表示，此外还有千瓦（kW）。它们之间的换算关系是：1kW=1 000W。

二、电机传动

（一）电机传动的分类

按电动机供电电流制式的不同，有直流电和交流电两种电动机。直流电动机是将直流电能转换为机械能的电动机。交流电动机是将交流电能转变为机械能的电动机。

（二）三相异步电动机

交流电动机分为异步电动机和同步电动机。异步电动机又可分为单相电动机和三相电动机。建筑卷扬机一般都采用三相异步电动机。

1.三相异步电动机的工作原理

电动机的工作原理是建立在电磁感应定律、全电流定律、电路定律和电磁力定律等基础上的。当在电动机的三相定子绕组（各相差120°电角度）中通入三相交流电后，将产生一个旋转磁场，该旋转磁场切割转子绕组，从而在转子绕组中产生感应电流（转子绕组是闭合通路），载流的转子导体在定子旋转磁场作用下将产生电磁力，从而在电机转轴上形成电磁转矩，驱动电动机旋转，驱动转子沿着旋转磁场方向旋转。

2.三相异步电动机的分类

（1）按电动机转子结构形式，可分为鼠笼式电动机和绕线式电动机。

（2）按电动机的防护型式，可分为开启式（IP11）、防护式（IP22及IP23）、封闭式（IP44）、防爆式三相异步电动机。

开启式（IP11）：价格便宜，散热条件最好，由于转子和绕组暴露在空气中，只能用于干燥、灰尘很少且无腐蚀性和爆炸性气体的环境。

防护式（IP22及IP23）：通风散热条件较好，可防止水滴、铁屑等外界杂物落入电动机内部，适用于较干燥且灰尘不多又无腐蚀性和爆炸性气体的环境。

（3）按电动机的通风冷却方式，可分为自冷式、自扇冷式、他扇冷式、管道通风式三相异步电动机。

（4）按电动机的安装结构形式，可分为卧式、立式、带底脚、带凸缘三相异步电动机。

（5）按电动机的绝缘等级，可分为E级、B级、F级、H级三相异步电动机。

（6）按工作定额，可分为连续、断续、间歇三相异步电动机。

3.三相异步电动机的结构

三相异步电动机的种类很多，但基本结构是相同的，都由定子和转子这两大基本部分组成，在定子和转子之间具有一定的气隙。此外，还有端盖、轴承、接线盒、吊环等其他附件。

4.三相异步电动机的铭牌

在三相异步电动机的外壳上钉有一块牌子，叫铭牌。铭牌上注明了这台三相异步电动机的主要技术数据，是选择、安装、使用和修理（包括重绕组）三相异步电动机的重要依据，铭牌的主要内容如下。

（1）型号（如Y-112M-4）。Y为电动机的系列代号，112为基座至输出转轴的中心高度（mm），M为机座类别（L为长机座，M为中机座，S为短机座），4为磁极数。

（2）额定功率指在满载运行时三相异步电动机轴上所输出的额定机械功率，用P_N表示，以千瓦（kW）或瓦（W）为单位。

（3）额定电压是三相异步电动机长时间工作所适用的最佳工作电压，一般指电动机绕组上的线电压，用U_N表示。三相异步电动机要求所接的电源电压值的变动一般不应超过额定电压的±5%。

（4）额定电流指三相异步电动机在额定电源电压下，输出额定功率时，流入定子绕组的线电流，用I_N表示，以安（A）为单位。

（5）额定频率指电动机所接的交流电源每秒钟内周期变化的次数，用f_N表示。我国规定标准电源频率为50Hz。

（6）额定转速表示三相异步电动机在额定工作情况下运行时每分钟的转速，用n_N表示，一般略小于对应的同步转速n_1。如n_1=1 500r/min，则n_N=1 440r/min。

（7）绝缘等级指三相异步电动机所采用的绝缘材料的耐热能力，它表明三相异步电动机允许的最高工作温度。A级绝缘为105℃，E级绝缘为120℃，B级绝缘为130℃，F级绝缘为155℃，H级绝缘为180℃。

（8）三相异步电动机定子绕组的连接方法有星形（Y）和三角形（△）两种。定子绕组的连接只能按规定方法连接，不能任意改变接法，否则会损坏三相电动机。

（9）防护等级表示三相异步电动机外壳的防护能力，以IP加数字表示，其后面的两位数字分别表示电机防固体和防水能力。数字越大，防护能力越强。如IP44中第一位数字"4"表示电机能防止直径或厚度大于1mm的固体进入电机内壳；第二位数字"4"表示能承受任何方向的溅水。

（10）定额是指三相异步电动机的运转状态，即允许连续使用的时间，分为连续、短时、周期断续三种。

①连续工作状态是指电动机带额定负载运行时，运行时间长，电动机的温升可以达到稳态温升的工作方式。

②短时工作状态是指电动机带额定负载运行时，运行时间短，使电动机的温升达不到稳态温升；停机时间长，使电动机的温升可以降到零的工作方式。

③周期断续工作状态是指电动机带额定负载运行时，运行时间短，使电动机的温升达不到稳态温升；停止时间也短，使电动机的温升降不到零，工作周期小于10min的工作方式。

5.三相异步电动机的运行与维护

（1）电动机启动前检查：

①电动机上和附近有无杂物和人员；

②电动机所拖动的机械设备是否完好；

③大型电动机轴承和启动装置中油位是否正常；

④绕线式电动机的电刷与滑环接触是否紧密；

⑤转动电动机转子或其所拖动的机械设备，检查电动机和拖动的设备转动是否正常。

（2）电动机运行中的监视与维护：

①电动机的温升及发热情况；

②电动机的运行负荷电流值；

③电源电压的变化；

④三相电压和三相电流的不平衡度；

⑤电动机的振动情况；

⑥电动机运行的声音和气味；

⑦电动机的周围环境、适用条件；

⑧电刷是否存在冒火或其他异常现象。

6.电动机的安全使用

（1）长期停用或可能受潮的电动机，使用前应测量绕组间和绕组对地的绝缘电阻，绝缘电阻值应大于0.5MΩ，绕线转子电动机还应检查转子绕组及滑环对地绝缘电阻。

（2）电动机应装设过载和短路保护装置，并应根据设备需要装设断、错相和失压保护装置。

（3）电动机的熔丝额定电流应按下列条件选择：a.单台电动机的熔丝额定电流为电动机额定电流的150%～250%；b.多台电动机合用的总熔丝额定电流，为其中最大一台电动机额定电流的150%～250%再加上其余电动机额定电流的总和。

（4）采用热继电器作电动机过载保护时，其容量应选择电动机额定电流的100%～125%。

（5）绕线式转子电动机的集电环与电刷的接触面不得小于满接触面的75%。电刷高度磨损超过原标准2/3时应换。在使用过程中不应有跳动和产生火花现象，并定期检查电刷簧的压力是否可靠。

（6）直流电动机的换向器表面应光洁，当有机械损伤或火花灼伤时应修整。

（7）当输入电压在额定电压的-5%～+10%时，电动机可以以额定功率连续运行；当超过上述范围时，则应控制负荷。

（8）电动机运行中应无异响、无漏电，轴承温度正常且电刷与滑环接触良好。旋转中电动机的允许最高温度应按下列情况取值：滑动轴承为80℃；滚动轴承为95℃。

（9）电动机在正常运行中，不得突然进行反向运转。

（10）电动机在工作中遇停电时，应立即切断电源，将启动开关置于停止位置。电动机停止运行前，应首先将载荷卸去，或将转速降到最低，然后切断电源，启动开关应置于停止位置。

（三）变频电动机

变频电动机是变频器驱动的电动机的统称。变频电动机采用"专用变频感应电动机+变频器"的交流调速方式，使机械自动化程度和生产效率大为提高，设备小型化，增加舒适性，目前正取代传统的机械调速和直流调速方案。

1.变频电动机的特点

（1）电磁设计。对普通异步电动机来说，在设计时主要考虑的性能参数是过载能力、启动性能、效率和功率因数。而对于变频电动机，由于临界转差率反比于电源频率，可以在临界转差率接近1时直接启动，因此，过载能力和启动性能不再需要过多考虑，而要解决的关键问题是如何改善电动机对非正弦波电源的适应能力。方式一般如下。

①尽可能地减小定子和转子电阻。减小定子电阻即可降低基波铜耗，以弥补高次谐波引起的铜耗。

②为抑制电流中的高次谐波，需适当增加电动机的电感。但转子槽漏抗较大，其集肤效应也大，高次谐波铜耗也增大。因此，电动机漏抗的大小要兼顾到整个调速范围内阻抗匹配的合理性。

③变频电动机的主磁路一般设计成不饱和状态，原因如下。

a.高次谐波会加深磁路饱和；

b.在低频时，为了提高输出转矩而适当提高变频器的输出电压。

（2）结构设计。

①在结构设计时，主要也是考虑非正弦电源特性对变频电机的绝缘结构、振动、噪声冷却方式等方面的影响，一般注意以下问题：绝缘等级一般为F级或更高，加强对地绝缘和线匝绝缘的强度，特别要考虑绝缘耐冲击电压的能力。

②对电机的振动、噪声问题，要充分考虑电动机构件及整体的刚性，尽力提高其固有频率，以免与各次力波产生共振现象。

③冷却方式一般采用强迫通风冷却，即主电机散热风扇采用独立的电机驱动。

④防止轴电流措施，对容量超过160kW的电动机应采用轴承绝缘措施。主要是因为在这种情况下易产生磁路不对称，也会产生轴电流，当其他高频分量所产生的电流结合在一起作用时，轴电流将大为增加，从而导致轴承损坏，所以一般要采取绝缘措施。

⑤对恒功率变频三相异步电动机，当转速超过3 000r/min时，应采用耐高温的特殊润滑脂，以补偿轴承的温度升高。

2.变频器控制方式

变频器主电路都采用"交-直-交"电路，主要有以下几种方式：

（1）正弦脉宽调制（SPWM）控制方式；

（2）电压空间矢量（SVPWM）控制方式；

（3）矢量控制（VC）方式；

（4）直接转矩控制（DTC）方式；

（5）矩阵式交-交控制方式。

3.变频器使用过程中遇到的问题和故障防范

（1）外部的电磁感应干扰。如果变频器周围存在干扰源，它们将通过辐射或电源线侵入变频器的内部，引起控制回路误动作，造成工作不正常或停机，严重时甚至损坏变频器。

消除外部电磁干扰的具体方法：变频器周围所有继电器、接触器的控制线圈上需加装防止冲击电压的吸收装置，如RC吸收器；尽量缩短控制回路的配线距离，并使其与主线路分离；回路按规定采用屏蔽线，若线路较长，应采用合理的中继方式；变频器接地端子不能同电焊、动力接地混用；变频器输入端安装噪声滤波器，避免由电源进线引入干扰。

（2）安装环境。变频器属于电子器件装置，在其说明书中有详细安装使用环境的要求。在特殊情况下，若确实无法满足这些要求，必须采用相应抑制措施：对于振动冲击较大的场合，应采用橡胶等避振措施；对于潮湿、有腐蚀性气体及尘埃等场所，应对控制板进行防腐防尘处理，并采用封闭式结构；应根据装置要求的环境条件安装空调或避免日光直射。

（3）变频器的散热处理。变频器的故障率随温度升高而成指数地上升，使用寿命随温度升高而成指数地下降。环境温度升高10℃，变频器使用寿命减半。在变频器工作时，流过变频器的电流是很大的，变频器产生的热量也是非常大的，不能忽视其发热所产生的影响。

当变频器安装在控制机柜中时，要考虑变频器发热值的问题，适当地增加机柜的尺寸。如果把变频器的散热器部分放到控制机柜的外面，将会使变频器有70%的发热量释放到控制机柜的外面。由于大容量变频器有很大的发热量，所以对大容量变频器更加有效。还可以用隔离板把本体和散热器隔开，使散热器的散热不影响变频器本体，这样效果也很好。

变频器散热设计中都是以垂直安装为基础的，横着放散热会变差的。一般功率稍微大的变频器都带有冷却风扇，建议在控制柜上出风口安装冷却风扇。

三、电气控制

（一）电气控制基础

1.概述

（1）电气系统的组成。工程机械电气系统包括电气设备和电子控制系统。

电气设备指蓄电池、发电机、启动系统、充电系统和各种用电设备，主要由电源设备、用电设备和其他辅助设备等组成。

电子控制系统指发动机电子控制燃油喷射系统、施工机械的电子检测与监控系统、电子智能控制系统等，主要由传感器、微控制器和执行装置等组成。

（2）电子控制系统组成。传感器是将某种变化的物理量或化学量转化成对应的电信号的元件。控制器即电子控制单元（Electronic Control Unit，ECU）以微处理器为核心而组成的电子控制装置，具有很强的数学运算和逻辑判断功能。执行器是ECU动作命令的执行者，主要是各类继电器、直流电动机、步进电动机、电磁阀或控制阀等执行器件。

2.电气线路基础

（1）电气线路分类。电气线路按功能划分一般包括以下几个部分：

①电源电路：由蓄电池、发电机、电源开关及相应指示装置等电路组成；

②启动电路：由点火开关、继电器、启动马达、发电机、预热控制器及相关保护装置等电路组成；

③控制电路：由仪表、传感器、各种报警指示灯及控制电器等组成。

（2）电路保护。电气控制系统为了在安全可靠的条件下满足机械设备施工要求，在线路中应设有各种保护装置，保证设备和人身安全。一般包括以下几种保护方式：

①短路保护：一般利用熔断器或低压断路器来实施保护。

②过载保护：一般利用热继电器来进行过载保护。它是一种利用流过继电器的电流所产生的热效应而反时限动作的过载保护电器，用于对连续运行的用电设备进行过载保护，以防止用电设备过热而造成毁损。

③零位保护：指确保工作装置在非工作位置时才容许机器启动而实施的保护。

④自锁及互锁：统称为电器的联锁控制。

（3）导线与线束。常用的导线有低压导线、高压导线、防干扰屏蔽线等。

①线束：为了使设备电气线路安装方便、牢固和整齐美观，在布置和连接导线时，将走向相同的导线包扎成束，称作线束；有的还套上胶管或波纹管，为方便维修，线束两端通常用接插件连接。

②接插件：由插头与插座两部分组成，有片式和针式两种。

（4）电路图的组成。电气控制系统是由许多电气元件按要求连接而成的。为了表述电气控制系统的组成及工作原理，便于电气元件的安装、调试和维护，通常在图上用不同的图形符号来表示各种电气元件，并用文字符号来进一步说明电气元件，在电器接线端子用字母、数字等符号标记。

常用的电气控制系统图纸有五种：电气原理图、电器布置图、电气互连图、电气接线图及安装线束图。

3.低压电气设备

低压电器按其功能分为开关电器、控制电器、保护电器、调节电器、主令电器、成套电器等，主要介绍起重机械中常用的几种低压电器。

（1）主令电器。主令电器是一种能向外发送指令的电器，主要有按钮、行程开关、万能转换开关、主令控制器等。利用它们可以实现人对控制电器的操作，或实现控制电路的顺序控制。

①按钮。按钮是一种靠外力操作接通或断开电路的电气元件，一般不能直接用来控制电气设备，只能发出指令，但可以实现远距离操作。

②行程开关。行程开关又称限位开关或终点开关，是一种通过将机械信号转换为电信号来控制运动部件行程的开关元件。广泛用于顺序控制器、运动方向、行程、零位、限位、安全及自动停止、自动往复等控制系统中。

③万能转换开关。万能转换开关是一种多对触头、多个挡位的转换开关。主要由操作手柄、转轴、动触头及带号码牌的触头盒等构成。

④主令控制器。主令控制器又称主令开关，主要用于电气传动装置中。它按一定顺序分合触头，达到发布命令或其他控制线路联锁转换的目的。塔机的联动操作台就属于主令控制器，用来操作塔式起重机的回转、变幅、升降。

（2）空气断路器。低压空气断路器又称自动空气开关或空气开关，属开关电器。它的主要作用是当电路中发生过载、短路和欠压等不正常情况时，能自动分断电路的电器，也可用作不频繁地启动电动机或接通、分断电路。空气断路器有万能式断路器、塑壳式断路器、微型断路器等。

（3）漏电保护器。漏电保护器又称剩余电流动作保护器。它主要用于保护人身免受因漏电而发生的电击伤亡，防止因电气设备或线路漏电引起电气火灾事故。

安装在负荷端电器电路的漏电保护器主要用于防止漏电电流通过人体产生的伤亡。

漏电保护器按结构和功能分为漏电开关、漏电断路器、漏电继电器、漏电保护插头、插座。漏电保护器按极数还可分为单极、二极、三极、四极等多种。

（4）接触器。接触器是利用电流流过自身线圈产生的磁场力使触头闭合，以达到控制负载的目的。接触器用途广泛，是电力拖动和控制系统中应用最为广泛的一种电器，它可以频繁操作，远距离闭合、断开主电路和大容量控制电路，接触器可分为交流接触器和直流接触器两大类。

（5）继电器。继电器是一种自动控制电器，在一定的输入参数下，它受输入端的影响而使输出参数有跳跃式的变化。常用的有中间继电器、热继电器、时间继电器、温度继电器等。

（6）刀形隔离开关。刀形隔离开关是手控电器中使用最简单又较广泛的一种低压电器。刀形隔离开关在电路中的作用是隔离电源和分断负载。

4.电子电路基础

电子技术是在常规电气技术基础上发展起来的，却具有与常规电气不同的技术概念。其基础理论主要包括模拟电子技术和数字电子技术。

（1）模拟电子技术。模拟电子技术是处理连续变化的电信号的技术。一般来说，电压、电流、阻抗等都是模拟信号，即用电信号的变化来传递"量"的变化。

（2）数字电子技术。数字电子技术是处理脉冲信号的技术，用两个符号即"0"和"1"来表示量，它是离散的数值和符号，与此对应的是通、断型传感器，或者是开关触点的通、断状态。

（二）工程机械用传感器

1.传感器的概述

（1）传感器概念与分类。传感器是一种将被检测信息的物理量或化学量转换成电信号而输出的功能器件，传感信息的获取是测控系统的重要环节。

传感器由敏感元件、传感元件和基本转换电路组成。按工作原理分为电阻式、电容式，电感式、压电式、光电式、磁电式传感器等；按用途分为温度、压力、转速传感器等。

（2）传感器的性能要求。传感器的性能指标包括精度、响应特性、可靠性、耐久性、结构紧凑性、适应性、输出电平和制造成本等。

工程机械电子控制系统对传感器的性能有以下几点要求：

①较好的环境适应性；

②较高的可靠性；

③良好的再现性；

④具有批量生产和通用性。

（3）传感器的发展。工程机械电子化趋势推动了传感器技术的发展，传感器技术发展趋势是多功能化、集成化、智能化。

多功能化指一个传感器能检测两个或两个以上的特性参数；集成化是利用IC制造技术和精细化加工技术制作IC式传感器；智能化指传感器与大规模集成电路结合，带有MPU，具有智能作用。

2.变阻式传感器

变阻式传感器是将被检测的物理量如温度、压力、液位等，转化为随自身电阻变化而输出电信号的一种传感器。

变阻式传感器在工作时没有能量输出，仅随着被测参数的变化而改变传感器的电阻值，因此必须外加电源才能有能量输出。

（1）热电阻式温度传感器。热电阻式温度传感器是利用导体电阻随温度变化这一特性来测量温度的。纯金属具有正的温度系数，常用铜、铂、铁和镍等热电阻材料，其优点是电阻温度系数大、测量灵敏度高。

（2）热敏电阻式温度传感器。热敏电阻式温度传感器分为负温度系数型（NTC）、临界负温度系数型（CTR）、正温度系数型（PTC）。

（3）压力传感器。压力是垂直而均匀地作用在单位面积上的力，压力传感器能感受压力并转换成可用输出电信号，是工业实践中最为常用的一种传感器。

（4）液位传感器。液位传感器用于对液位进行检测，有开关量，模拟量输出的浮子和筒式三种类型。筒式液位传感器根据其长度不同电阻也有所不同。

（5）行驶操作手柄。行驶操作手柄将手柄的转角物理量转换为电阻的变化。在工程机械控制系统中，常用于行走速度或转向角度等参数的给定。

第六节　建筑机械维修保养知识

在建筑施工行业中，习惯把机械设备简称为机械。本节使用的机械或设备的称谓，都应视作机械设备的简称。

建筑机械大都在尘土、泥沙、雨水和风雪等恶劣环境中作业，其技术状况下降快，零部件间的配合会出现不同程度的松动、磨损、锈蚀及结垢等现象，各连接件配合性质、零部件间相互位置关系和机构工作协调性等都将受到不同程度的影响，致使其动力性、经济性、可靠性等指标下降，甚至引起机械事故。因此，加强建筑机械设备的维护保养，是防止机械事故发生的重要环节。

一、机械技术状况变化规律

机械在使用中，由于零件技术状况的变化，引起合件、组合件和总成技术状况的变化，从而引起整个机械技术状况的变化。

（一）机械技术状况变化的原因

机械零件在使用过程中，由于磨损、疲劳、腐蚀等产生的损伤，使零件原有的几何形状、尺寸、表面粗糙度、硬度、强度以及弹性等发生变化，破坏了零件间的配合特性和合理位置，造成零件技术性能的变坏或失效，引起机械技术状况发生变化。

零件损伤的原因按其性质可分为自然性损伤和事故性损伤。自然性损伤是不可避免的，但是随着科学技术的发展，机械设计制造、使用和维修水平的提高，可以使损伤不发生或延期发生。事故性损伤是人为的，只要认真注意是可以避免的。

（二）机械零件磨损的规律

机械零件所处的工作条件各不相同，引起磨损的程度和因素也不完全一样。绝大部分零件是受交变载荷的作用，因而其磨损是不均匀的。各个零件的磨损也都有它的特点，但在正常磨损过程中，任何摩擦副的磨损都具有一定的共性规律。在正常情况下，机械零件配合表面的磨损量是随零件工作时间的增加而增长的，这种磨损变化规律称为磨损规律。

在正常情况下，零件的磨损可分为三个阶段。

1.第一阶段为磨合阶段

磨合阶段包括生产磨合和运用磨合两个时期。机械零件加工不论多么精密，其加工表面都必然具有一定的微观不平度。磨合开始时，磨损增长非常迅速；当零件表面加工的凸峰逐渐磨平时，磨损的增长率逐渐降低；达到某一程度后趋向稳定，为第一阶段结束。此时的磨损量称为初期磨损。正确使用和维护保养可以减少初期磨损，延长机械使用寿命。

2.第二阶段为正常工作阶段

由于零件已经磨合，其工作表面已达到相当光洁的程度，润滑条件已有相当改善，因此磨损增长缓慢，而且在较长时间内均匀增长，但到后期，磨损增加率又逐渐增大。在此阶段，合理使用机械，认真进行保养维修，就能降低磨损增长率，进一步延长机械使用寿命。

3.第三阶段为事故性磨损阶段

由于自然磨损的增加，零件磨损增加到极限磨损时，因间隙增大而使冲击载荷增加，同时润滑条件恶化，使零件磨损急剧增加，甚至导致损坏，还可能引起其他部件或总成的损坏。

二、机械故障分析

（一）故障类别的划分

按故障发生的原因可分为外因造成的故障和内因造成的故障。

1.外因造成的故障

外因造成的故障是指由于外界因素而引起的故障，可分为如下三类因素。

（1）环境因素：如温度、湿度、气压、振动、冲击、日照、放射能、有毒气体等。

（2）使用因素：是指机械使用中，零部件承受的应力超过其设计规定值。

（3）时间因素：是指物质的老化和劣化，大多数取决于时间的长短。

2.内因造成的故障

内因造成的故障是指由于内部原因造成的故障，可分为如下两类。

（1）磨损性故障：是指由于机械设计时预料中的正常磨损造成的故障。

（2）固有的薄弱性故障：是指由于零部件材料强度下降等原因诱发产生的故障。

（二）机械故障规律

机械故障随时间的变化大致分为三个阶段：早期故障期、偶发故障期和耗损故障期。

1.早期故障期

早期故障期出现在机械使用的早期，其特点是故障率较高，故障随时间的增加而迅速下降。它一般是由设计、制造上的缺陷等引起的。机械进行大修理或改造后，再次使用时，也会出现这种情况。机械使用初期经过运转磨合和调整，原有的缺陷逐步消除，运转趋于正常，从而使故障逐渐减少。

2.偶发故障期

偶发故障期是机械的有效寿命期，在这个阶段故障率低而稳定，近似为常数。偶发故障是由使用不当、维护不良等偶然因素引起的，故障不能预测，也不能通过延长磨合期来消除。设计缺点、零部件缺陷、操作不当、维护不良等都会造成偶发故障。

3.耗损故障期

它出现在机械使用的后期，其特点是故障率随运转时间的增加而增高。它是由机械零部件的磨损、疲劳、老化、腐蚀等造成的。这类故障是机械部件接近寿命末期的征兆。如事先进行预防性维修，可经济而有效地降低故障率。

（三）机械故障的模式和机理

1.机械故障的模式

机械的每一种故障都有其主要特征，即所谓故障模式或故障状态。机械的结构千变万化，其故障状态也是相当复杂的，但归纳它们的共同形态，常见的故障模式有异常振动、磨损、疲劳、裂纹、破裂、过度变形、腐蚀、剥离、渗漏、堵塞、松弛、熔融、蒸发、绝缘劣化、异常响声、油质劣化、材质劣化及其他。

上述的每一种故障模式中都包含不同原因产生的故障现象。

疲劳：应力集中、增高引起的疲劳，侵蚀引起的疲劳，材料内部缺陷引起的疲劳等。

磨损：微量切削性磨损，腐蚀性磨损，疲劳（点蚀）磨损，咬接性磨损。

过度变形：压陷、碎裂、静载荷下断裂、拉伸、压缩、弯曲、扭力等作用下过度变形。

腐蚀：应力性腐蚀、气蚀、酸腐蚀、钒或铅的沉积物造成的腐蚀等。

每个企业由于机械管理和使用条件不同，各有其主要的故障模式，就是故障管理的重点目标。

2.机械故障的机理

故障机理是指某种类型的故障在达到表面化之前，在内部出现了怎样的变化，是什么原因引起的。也就是故障的产生原因和它的发展变化过程。

产生故障的共同点是来自工作条件、环境条件等方面的能量积累到超过一定限度时，机械（零部件）就会发生异常而产生故障。一般故障的产生是由于故障件的材料所承受的载荷超过了它所允许的载荷能力，材料性能降低时也会导致故障发生。故障按什么机理发展，是由载荷的特征或过载量的大小所决定的。如由于过载引起故障时，不仅对材料的特性值有影响，而且对材料的金相组织也有影响。因此，任何一种故障都可以从材料学的角度找出产生故障的机理。

（四）故障原因分析

产生故障的原因是多方面的，归纳起来，主要有以下几类。

1.设计不合理

机械结构先天性缺陷，零部件配合方式不当，使用条件和工作环境考虑不周等。

2.制造、修理缺陷

零部件制作过程的切削、压力加工等存在缺陷。

3.原材料缺陷

使用材料不符合技术要求，铸件、锻件、轧制件等缺陷或热处理缺陷等。

4.使用不当

超出规定的使用条件，超载作业，违反操作规程，润滑不良，维护不当。

5.自然耗损

由于自然条件造成零部件磨损、疲劳、腐蚀、老化（劣化）等。

有些故障是由单一原因造成的，有些故障则是多种因素综合引起的，还有的是一种原因起主导作用而其他因素起媒介作用。机械使用和维修人员必须研究故障发生的原因和规律，以便正确地处理故障。

重视故障规律和故障机理的研究，加强日常维护和检查就有可能避免突发性事故和控制偶发性事故的发生，并取得良好效果。

三、建筑机械的保养

根据机械技术状况的变化规律，在零件尚未达到极限磨损或发生故障以前，采取相应的预防性措施，以降低零件的磨损速度，消除故障隐患，保证机械正常工作，延长使用寿命，这就是对机械的保养。

（一）机械保养的作用

（1）保持机械技术状况良好和外观整洁，减少故障停机日，提高机械完好率和利用率。

（2）在合理使用的条件下，不致因机械意外损坏而引起事故，影响施工生产的安全。

（3）减少机械零件磨损，避免早期损坏，延长机械修理间隔期和使用寿命。

（4）降低机械运行和维修成本，使机械的燃料、润滑油料、配件、替换设备等各种材料的消耗降到较低限度。

（5）减少噪声和污染。

（二）保养分类

机械保养分日常保养和按规定周期的分级保养。各级保养的中心内容如下。

1.日常保养（又称每班例行保养）

它指在机械运行的前、后和运行过程中的保养。日常保养的中心内容是检查，如检查机械和部件的完整情况，油、水数量，仪表指示值，操纵和安全装置（转向、制动等）的工作情况，关键部位的紧固情况，以及有无漏油，水、气、电等不正常情况。必要时加添燃料、润滑油料和冷却水，以确保机械正常运行和安全生产。每班例行保养由操作人员执行。

2.月保养

它以润滑、调整为中心，通过检查、紧固外部连接件，并按润滑图表加注润滑脂、加添润滑油、清洗滤清器或更换滤芯等。

3.年度保养

它以检查、消除隐患为中心，除执行月保养的全部内容外，还要从外部检查动力装置、操纵、传动、转向、制动、怠速、行走等机构的工作情况，必要时对应检查部位进行局部解体，以检查内部零件的紧固、损坏等情况，目的是发现和排除所发现的故障，消除隐患。

4.机械的特殊保养

（1）停放保养。它是指机械在停放或封存期内，至少每月一次的保养，由操作或保管人员进行。

（2）走合期保养。它是指机械在走合期内和走合期完毕后的保养，内容是加强检查，提前更换润滑油，注意分析油质以了解机械的磨合情况。

（3）换季保养。它是指机械进入夏季或冬季前的保养，主要内容是更换适合季节的润滑油，调整蓄电池电解液比重，采取防寒或降温措施。这项保养应尽可能结合定期保养进行。

（4）转移前保养。它是根据行业特点，在机械转移工地前，进行一次相当于年度保养的作业，以利于机械进入新工地后能立即投入施工生产。

根据施工机械不易集中的特点，保养作业应尽可能在机械所在地进行。大型机械月保养和中小型机械的各级保养,都应由操作人员承担。对于操作人员不能胜任的保养作业,由维修人员协助。月级以上保养应由承修人员承担,操作人员协助。

（三）机械保养计划的编制和实施

1.机械保养计划的编制

机械保养一般是按月编制月度机械保养计划,并下达执行和检查。

2.机械保养计划的实施

（1）机械使用单位在安排施工生产和编制机械使用计划时,必须安排好保养计划,在检查生产计划执行情况的同时要检查保养计划的执行情况,切实保证保养计划能按时执行。

（2）机械管理部门要检查、督促保养计划的实施,在机械达到保养间隔期前要及时下达保养任务单,通知操作或维修人员进行保养。

（3）保养任务完成后,执行人要认真填写保养记录。

3.机械保养质量的检验

（1）机械保养必须严格按照规定的项目和要求进行保养,确保质量。不得漏项、失修,也不得随意扩大拆卸零件范围。

（2）必须坚持自检、互检和专职检验相结合的检验制度。凡由操作工进行的保养必须由承保人自检、班组长复检、专职人员抽检。凡由专业保养单位进行的保养,应实行承保人自检、互检,班组长复检,专职人员逐台检验和操作人员验收的制度。

（3）建立保养验收记录制度。月级定期保养必须经过检验合格,签发验收表,并应对保养竣工出厂的机械实行质量保证（保证期为5～10天）。在保证期内因保养质量造成机械故障或损坏,应由保养单位负责修复。

（4）保养单位要创造条件,逐步实现检验仪表化,采用先进的检测诊断技术,使质量检验工作建立在科学的基础上。

四、建筑机械润滑管理

润滑是向运转机械的摩擦表面供给适当的润滑剂,以减少机械零件的磨损,降低动能消耗,延长使用寿命。在机械维护保养中,润滑是最重要的作业内容。

（一）润滑管理的基本任务

润滑是减少机械磨损，保证机械正常安全运行的关键工作。润滑管理的基本任务如下。

（1）建立润滑管理制度，落实各级润滑人员的职责。

（2）贯彻和推行"五定、三过滤"的润滑管理办法。

（3）编制机械润滑技术资料，包括润滑图表和润滑卡片，润滑清洗操作规程，使用润滑剂的种类、定额及代用品，换油周期、旧油检测及换油的标准等。

（4）编制年、季、月的机械清洗换油计划，组织制定润滑材料消耗定额。

（5）检查机械的润滑状态，及时解决润滑系统存在的问题，补充和更换缺损的润滑零件、装置，改进加油工具和加油方法。

（6）组织和督促废油的回收和再生利用。

（7）组织各级润滑人员的技术培训，开展润滑管理的宣传教育工作。

（8）组织推广有关润滑的新技术、新材料的试验和应用。

（二）润滑管理的组织

润滑管理是机械管理的组成部分，应由机械管理部门负责，配备专职或兼职润滑技术员，并按机械数量配备适当比例的专职或兼职润滑工（由操作工或维修工兼任）。

润滑工除应掌握润滑的技术知识和操作能力外，还应协助做好各项润滑管理工作，经常检查机械润滑状态，定期抽样送检等。

（三）润滑工作的"五定"和"三过滤"

1.五定

五定是指定点、定质、定量、定期、定人。其内容如下。

（1）定点。确定机械的润滑部位和润滑点，操作工和润滑工均须熟悉各注油点（用图形表示），明确规定加油方法。

（2）定质。按照润滑图表规定的油脂牌号用油。润滑材料和掺配油品须经检验合格，润滑装置和加油器具应保持清洁。

（3）定量。确定机械各润滑部位的用油量、添加量、日常消耗量和废油收回量，做到计划用油、合理用油、节约用油。

（4）定期。按润滑图表或卡片上规定的间隔期进行加油和换油。同时，应根据机械实际运行情况及油质情况，合理地调整加（换）油间隔期，保证正常润滑。

（5）定人。按图表上的规定分工，分别由操作工、维修工和润滑工负责加（换）油，明确润滑工作的责任者，定期换油应做好记录。

2.三过滤

三过滤是指为了减少油液中的杂质，防止尘屑等杂质随油进入润滑部位而采取的措施。其内容如下。

（1）入库过滤：油液经运输入库，泵入油罐贮存时要经过过滤。

（2）转换过滤：油液转换容器时要经过过滤。

（3）加油过滤：油液加注时要经过过滤。

（四）润滑管理的基础资料

1.润滑图表

它是机械润滑部位的指示图表，用不同颜色或不同形状的标志标明各润滑点的油料品种、加（换）油的间隔期，使操作工、维修工、润滑工能按图作业。

2.润滑卡片

它是润滑作业的执行记录。卡片上列出机械的润滑部位、润滑周期、所用润滑油的品种以及加（换）油量等，由润滑技术人员编制，润滑执行人填写，是润滑作业的依据。

3.机械换油计划

它是由润滑技术人员编制的年度及月份换油计划，按台时进行调整。有些机械的换油应在油质抽样化验后确定。

（五）润滑管理的实施

（1）机械润滑工作要贯彻"五定"要求，做到既有明确分工，又要保证机械润滑的质量。

（2）机械的日常润滑工作应由操作人员负责，润滑工负责定期检查机械的润滑情况。

（3）定期保养（维护）中的润滑应由维修工完成，主要工作是清洗和换油。

（4）润滑技术员应根据润滑油的消耗量及油质化验情况，分析机械技术状况的劣化程度，提供给有关人员作为安排修理计划的依据。

五、建筑机械的检查

（一）机械的检查及分类

机械的检查就是对其运行情况、工作性能、磨损程度进行检查和校验，通过检查可以全面掌握机械技术状况的变化、劣化程度和磨损情况，针对检查发现的问题，改进设备维修工作，提高维修质量和缩短维修时间。

1.按检查时间的间隔分类

（1）日常检查。日常检查是操作工人每天对设备进行的检查。

（2）定期检查。定期检查是在操作工人参加下，由专职维修人员按计划定期对设备进行的检查。定期检查的周期按规定标准进行，无标准的，一般每月检查一次，最少每季度检查一次。

2.按技术功能分类

（1）机能检查。机能检查是对机械各项机能的检查和测定，如检查是否漏油、防尘密封性以及零件耐高温、高压、高速的性能等。

（2）精度检查。精度检查是对机械的实际加工精度进行检查和测定，以便确定设备精度的劣化程度。这也是一种计划检查，由维修人员或设备检查员进行，主要是检查设备的精度情况，作为精度调整的依据。有些企业在精度检查中，测定精度指数，作为进行设备大修、项修、更新、改造的依据。

（二）机械的点检

为了准确地掌握设备运行状况和劣化损失程度，及时消除隐患，保持机械完好性能，应对机械运行中影响设备正常运行的一些关键部位实行管理制度化，进行操作技术规范化的检查维护工作，称为机械点检。

1.机械的点检及分类

机械点检包括日常点检、定期点检和专项点检三类。检查项目一般是针对设备上影响产品产量、质量、成本、安全和设备正常运行的部位进行点检。

开展点检工作，首先要制定点检标准书和点检卡。点检标准书应列出需要点检的项目、部位、周期、方法、机具仪器、判断标准、处理意见等，作为开展日常点检和定期点检的总依据。点检卡是根据点检标准书制定的一种检查记录卡，检查人员按规定的检查部位、内容、方法和时间进行点检，并用简单的符号记入点检卡，为分析设备状态和预防维修提供依据。

（1）日常点检。日常点检是由操作工人进行的，主要是利用感官检查设备状态，并按日常点检卡规定的项目和符号记录点检部位的状态。当发现异常现象后，经过简单调整、修理可以解决的，由操作工人自行处理；当操作工人不能处理时，由巡回检查的维修工人及时反映给专业维修人员修理，请他们排除故障。有些不影响生产正常进行的缺陷劣化问题，可留待定期修理时解决。

（2）定期点检。定期点检是一种计划检查，由维修人员或设备检查员进行，除利用感官外，还要采用一些专用测量仪器。点检周期要与生产计划协调，并根据以往的维修记录、生产情况、设备实际状态和经验修改点检周期，使其更加趋于合理。定期点检中发现问题，可以处理的应立即处理，不能处理的可列入计划预修或改造计划内。

（3）专项点检。专项点检一般由专职维修人员（含工程技术人员）针对某些特定的项目，如机械的精度、某项或某些功能参数等进行定期或不定期检查测定，目的是了解机械的技术性能、专业性能，通常要使用专用工具和专业仪器设备。

2.点检的主要工作

点检通常包括以下几个工作环节。

（1）确定检查点。一般将机械的关键部位和薄弱环节列为检查点，尽可能选择设备振动的敏感点、离设备核心部位最近的关键点和容易产生劣化现象的易损点。

（2）确定点检项目。就是确定各检查部位（点）的检查内容。

（3）制定点检的判定标准。根据制造厂家提供的技术和实践经验制定各检查项目的技术状态是否正常的判定标准。

（4）确定检查周期。根据检查点在维持生产或安全方面的重要性以及生产工艺的特点，并结合设备的维修经验确定点检周期。

（5）确定点检的方法和条件。根据点检的要求，确定各检查项目所采用的方法和作业条件。

（6）确定检查人员。确定各类点检（如日常点检、定期点检、专项点检）的负责人员，确定各种检查的负责人。

（7）编制点检表。将各检查点、检查项目、检查周期、检查方法、检查判定标准以及规定的记录符号等制成固定表格，供点检人员检查时使用。

（8）做好点检记录和分析。点检记录是分析设备状况、建立设备技术档案、编制设备检修计划的原始资料。

（9）做好点检人员的培训工作。

六、建筑机械修理

为了维持机械的正常运行，必须根据机械技术状态变化规律，更换或修复磨损失效的零部件，并对整机或局部进行拆装、调整的技术作业，这就是修理。修理是使机械在一定时间内保持其正常技术状态的重要措施。

（一）机械修理分类

根据机械修理内容和工作量大小，将机械修理划分为大修、项修、小修。

1.大修

大修是指机械大部分零件，甚至某些基础件即将达到或已经达到极限磨损程度，不能正常工作，经过技术鉴定，需要进行一次全面彻底的恢复性修理，使机械的技术状况和使用性能达到规定的技术要求，从而延长其使用寿命。

大修时，机械要全部拆卸分解，更换或修复全部磨损超限的零件，修复工作装置及恢复机械外观的新度。因此，它是工作量最大、费用最高的修理。

2.项修

项修是项目修理的简称。它是以机械技术状态的检测诊断为依据，对机械零件磨损接近极限而不能正常工作的少数或个别总成，有计划地进行局部恢复性修理，以保持机械各总成使用期的平衡，延长整机的大修间隔期。

3.小修

小修是指机械使用和运行中突然发生的故障件损坏和临时故障的修理，因此又称故障修理。对于实行点检制的机械，小修的工作内容主要是针对日常点检和定期检查发现的问题进行检查、调整，更换或修复失效的零件，以恢复机械的正常功能。对于实行定期保养制的机械，小修的工作内容主要是根据已掌握的磨损规律，更换或修复在保养间隔期内失效或即将失效的零件，并进行调整，以保持机械的正常工作能力。

（二）机械修理计划的编制

机械修理计划是企业组织管理机械修理的指导性文件。机械大修计划由企业机械管理部门按年、季度编制；项修计划、月度修理作业计划由修理单位编制；计划编制前要积累足够、可靠的并符合机械技术状况的资料、数据及信息。

（三）机械修理计划的实施

为保证修理计划的实施，机械管理部门应经常检查修理计划的执行情况，并帮助机械送修单位和承修单位解决存在的问题。

送修单位应按计划确定的时间准时送修，如因特殊情况不能按时送修，应事先将不能送修的原因和要求改变的送修时间通知计划编制单位和承修单位，由计划编制单位进行处理。

第二章 机械加工技术

第一节 切削加工

作为机械加工的一种重要方法，金属切削加工具有相当悠久的历史，而且在可以预见的未来，这种用于金属的加工方法是不可替代的。

一、切削加工的概念

切削加工是用切削工具，把坯料或工件上多余的材料层切去，使工件获得规定的几何形状、尺寸和表面质量的加工方法。

任何切削加工都必须具备三个基本条件：切削刀具、工件和切削运动。切削刀具应有刃口，其材质必须比工件坚硬、耐磨；不同的刀具结构和切削运动形式，构成不同的切削方法。用刃形和刃数都固定的刀具进行切削的方法有车削、钻削、镗削、铣削、刨削、拉削和锯切等；用刃形和刃数都不固定的磨具或磨料进行切削的方法有磨削、研磨、珩磨和抛光等。工件通常指被加工零件，它的形状通常由基本几何表面（平面、圆柱面、圆锥面、螺旋面及各种成形面等）组成。切削运动是指在金属切削机床上切削工件时，刀具与工件之间的相对运动。

切削加工是机械制造中最主要的加工方法。虽然毛坯制造精度不断提高，精铸、精锻、挤压、粉末冶金等少、无切削的加工工艺应用日益广泛，但由于切削加工的适应范围广，且能达到很高的精度和很低的表面粗糙度，在机械制造工艺中仍占有重要地位。

二、切削加工的历史

切削加工的历史可追溯到原始人创造石劈、骨钻等劳动工具的旧石器时代。在中国，早在商代中期（公元前13世纪），就已能用研磨的方法加工铜镜；商代晚期（公元前12世纪），曾用青铜钻头在卜骨上钻孔；西汉时期（公元前206年～公元23年），就已使用杆钻和管钻，用加砂研磨的方法在"金缕玉衣"的4 000多块坚硬的玉片上，钻了18 000多个直径1～2毫米的孔。

17世纪中叶，中国开始利用畜力代替人力驱动刀具进行切削加工。如公元1668年，曾在畜力驱动的装置上，用多齿刀具铣削天文仪上直径达2丈的大铜环，然后再用磨石进行精加工。

18世纪后半期，英国工业革命开始后，由于蒸汽机和近代机床的发明，切削加工开始用蒸汽机作为动力；到19世纪70年代，切削加工中又开始使用电力。

对金属切削原理的研究始于19世纪50年代，对磨削原理的研究始于19世纪80年代，此后各种新的刀具材料相继出现。19世纪末出现的高速钢刀具，使刀具最大切削速度比碳素工具钢和合金工具钢刀具提高两倍以上，达到25m/min左右；1923年出现的硬质合金刀具，使切削速度比高速钢刀具又提高两倍左右；20世纪30年代以后出现的金属陶瓷和超硬材料（人造金刚石和立方氮化硼），进一步提高了切削速度和加工精度。

随着机床和刀具的不断发展，切削加工的精度、效率和自动化程度不断提高，应用范围也日益扩大，从而大大促进了现代机械制造业的发展。

三、切削加工的分类

金属材料的切削加工有许多种切削方法，常见的有按工艺特征、按材料切除率和加工精度、按表面成型方法三种分类方法。

（一）按工艺特征分类

切削加工的工艺特征取决于切削工具的结构，以及切削工具与工件的相对运动形式。因此按工艺特征，切削加工一般可分为：车削、铣削、钻削、镗削、铰削、刨削、插削、拉削、锯切、磨削、研磨、珩磨、超精加工、抛光、齿轮加工、蜗轮加工、螺纹加工、超精密加工、人工刮削等。

（二）按材料切除率和加工精度分类

按材料切除率和加工精度，切削加工可分为粗加工、半精加工、精加工、精整加工、修饰加工、超精密加工等。

粗加工是用大的切削深度，经一次或少数几次走刀，从工件上切去大部分或全部加工余量的加工方法，如粗车、粗刨、粗铣、钻削和锯切等。粗加工效率高但精度较低，一般用作预先加工。半精加工一般作为粗加工与精加工之间的中间工序；精加工是用精细切削的方式，使加工表面达到较高的精度和表面质量，如精车、精刨、精铣、精磨等，精加工一般是最终加工。

精整加工是在精加工后进行，其目的是获得更小的表面粗糙度，并稍微提高精度。精整加工的加工余量小，如珩磨、研磨、超精磨削和超精加工等；修饰加工的目的是减小表面粗糙度，以提高防蚀、防尘性能和改善外观，而并不要求提高精度，如抛光、砂光等；超精密加工主要用于航天、激光、电子、核能等某些特别精密的零件的加工，其精度高达IT4以上、如镜面车削、镜面磨削、软磨粒机械化学抛光等。

（三）按表面形成方法分类

切削加工时，工件的已加工表面是依靠切削工具和工件做相对运动来获得的。按表面成型方法切削加工可分为刀尖轨迹法、成形刀具法、展成法三类。

刀尖轨迹法是依靠刀尖相对于工件表面的运动轨迹，来获得工件所要求的表面几何形状，如车削外圆、刨削平面、磨削外圆、用靠模车削成形面等。刀尖的运动轨迹取决于机床所提供的切削工具与工件的相对运动。

成形刀具法简称成形法，是用与工件的最终表面轮廓相匹配的成形刀具，或成形砂轮等加工出成形面，如成形车削、成形铣削和成形磨削等，由于成形刀具的制造比较困难，因此一般只用于加工短的成形面。

展成法又称范成法，是加工时切削工具与工件做相对展成运动。刀具和工件的瞬心线相互做纯滚动，两者之间保持确定的速比关系，所获得加工表面就是刀刃在这种运动中的包络向。齿轮加工中的滚齿、插齿、剃齿、珩齿和磨齿等均属展成法加工。有些切削加工兼有刀尖轨迹法和成形刀具法的特点，如车削螺纹。

四、切削加工质量

切削加工质量主要是指工件的加工精度和表面质量（包括表面粗糙度、残余应力和表面硬化）。

近二百多年来，随着产品性能的不断提高和技术的进步，切削加工的加工精度和表面质量亦不断提高。

1770年制成第一台蒸汽机汽缸用的镗床，所能达到的制造精度仅为1mm。以后陆续出现了汽油发动机、柴油发动机、高速齿轮、轴承；第二次世界大战后，喷气发动机、导弹、卫星相继发展，零件制造精度迅速提高。目前，圆度仪上的标准球，其机床加工精度为$0.01\mu m$，加工表面的粗糙度也不断降低，高精度外圆磨床加工精度可达$0.1\mu m$，工件表面粗糙度达Ra$0.012\mu m$。金属材料的发展与产品发展也密切相关，最初使用的材料主要是低碳钢和铸铁。然而近代制造的燃气轮机，就必须有耐热、耐磨、耐腐蚀的全新材料，于是出现了合金钢、复合材料和陶瓷；在发展航天飞机、人造卫星时，又出现了钛和钛合金材料、其他高强度钢等材料，其极限抗拉强度几乎提高了十几倍。

18世纪后期，切削加工精度仅以毫米计；20世纪初，切削加工的精度最高已达0.01mm；至20世纪50年代，切削加工精度已达微米级；20世纪70年代，切削加工精度又提高到$0.1\mu m$。如今，高精度车床可使加工精度达到$0.01\mu m$。

影响切削加工质量的主要因素有机床、刀具、夹具、工件毛坯、工艺方法和加工环境等方面。要提高切削加工质量，必须对上述各方面采取适当措施，如减小机床工作误差、正确选用切削工具、提高毛坯质量、合理安排工艺、改善环境条件等。

五、非金属材料的切削加工

对木材、塑料、橡胶、玻璃、大理石、花岗石等非金属材料的切削加工，虽与金属材料的切削类似，但所用刀具、设备和切削用量等方面各有特点。

木材制品的切削加工主要在各种木工机床上进行，其方法主要有：锯切、刨削、车削、铣削、钻削和砂光等。

塑料的刚度比金属差，易弯曲变形，尤其是热塑性塑料导热性差，易升温软化。故切削塑料时，宜用相对锋利的高速钢刀具，选用小的进给量和高的切削速度，并用压缩空气冷却。若刀具锋利、角度合适，可产生带状切屑，易于带走热量。

玻璃和锗、硅等半导体材料的硬度高而脆性大。对玻璃的切削加工常用切割、钻孔、研磨和抛光等方法。对厚度在3mm以下的玻璃板，最简单的切割方法是用金刚石或其他坚硬物质，在玻璃表面手工刻画，利用刻痕处的应力集中，即可用手折断。

对大理石、花岗石和混凝土等坚硬材料的加工，主要用切割、车削、钻孔、刨削、研磨和抛光等方法。切割时可用镶硬质合金刀片圆锯片加磨料和水；外圆和端面可采用负前角的硬质合金车刀，以 10 ~ 30m/min 的切削速度车削；钻孔可用硬质合金钻头；大的石料平面可用硬质合金刨刀或滚切刨刀刨削；精密平滑的表面，可用三块互为基准对研的方法，或磨削和抛光的方法获得。

六、切削加工所用的机器——机床

机床是对金属（或其他材料）的坯料（或工件）进行加工（包括成形加工、切削加工或特种加工），使之获得所要求的几何形状、尺寸精度和表面质量的机器，是机械制造装备中的一个分支。机床能制造机器，也能制造机床本身，这是机床区别于其他机器的主要特点，故机床又称为工作母机或工具机。

（一）机床的分类

金属切削机床可按不同的分类方法划分为多种类型。

按加工方式或加工对象可分为车床、钻床、镗床、磨床、齿轮加工机床、螺纹加工机床、铣床、刨插床、拉床、特种加工机床、锯床、其他机床等。每类中又按其结构或加工对象分为若干组，每组中又分为若干型。

按工件大小和机床重量可分为仪表机床、中小型机床、大型机床、重型机床和超重型机床；按加工精度可分为普通精度机床、精密机床和高精度机床；按自动化程度可分为手动操作机床、半自动机床和自动机床；按机床的自动控制方式，可分为仿形机床、程序控制机床、数字控制机床、适应控制机床、加工中心和柔性制造系统；按机床的适用范围，又可分为通用、专门化和专用机床。

专用机床中有一种以标准的通用部件为基础，配以少量按工件特定形状或加工工艺设计的专用部件组成的自动或半自动机床，称为组合机床。

随着现代机床向数控化方向的不断发展，机床的分类也在不断变化，分类方法的变化主要表现在机床品种不是越分越细，而是趋向综合。

（二）机床的构造

莫兹利制造出具有现代意义上的机床后，无论是从加工零件的精度、种类、材料还是机床本身的结构、控制，都发生了巨大的变化，但其主要的结构仍然沿用至今。机床结构须满足夹持刀具和工件的要求，并使之产生相对运动，还要能够控制切削速度、进给量和切削深度等。各类机床通常由下列基本部分组成：动力系统、传动系统、操纵控制系统、执行末端件、支承部件，对于切削机床还包括刀具系统或储存刀具的部件、润滑系统、冷却系统、机床附属装置。

动力系统主要通过传动系统向机床执行件提供动力，实现机床加工。主要包括各类电机：运行可靠、应用最广的价格低廉的交流异步电动机；功率因数好，转速与负载大小无关，只与电网频率有关，运行比较稳定的同步电动机等。机床传动系统通常包括主传动系统、进给传统系统两部分。主传动系统主要实现机床的主切削，通常包括安装机床主轴的主轴箱及其相关系统；进给系统主要实现机床的进给运动，与主传动系统紧密协调动作，共同完成各类表面零件的加工，通常包括导轨、滚珠丝杠等，一般而言，主传动系统和进给系统可能还需要变速机构，有时可能还需要共用同一变速机构。

操纵控制系统监控机床各工作部件运动的启动、停止、制动、变速、换向及控制各种辅助运动以及工作状态等。而机床加工功能最终要由各末端件来协调配合实现，如主轴回转实现主切削运动，工作台的直线或回转进给运动。且根据不同加工要求，末端件的运动之间可能还需要保持某种严格的比例关系，才能实现零件的加工等。

支承部件用于安装和支承其他固定的或运动的部件和工件，承受其重量和切削力，如床身和立柱等；刀具系统或储存刀具的部件对于现代的金属切削机床，是一个非常重要的组成部分，刀具系统的性能在一定程度决定了一台机床的整体性能。机床某些工作部件之间有相对运动，有运动就会有摩擦，有摩擦就会有磨损，还会产生热量，这两种附产物都会让机床的精度受到严重影响，甚至完全丧失机床的设计功能，因而润滑系统、冷却系统就显得十分重要了。

机床附属装置包括机床上下料装置、机械手、工业机器人等机床附加装置，以及卡盘、吸盘、弹簧夹头、虎钳、回转工作台和分度头等机床附件。

（三）机床技术水平的发展趋势

随着科技的提高，工艺、结构、功能部件、控制系统技术上的各个突破，在世界机床技术发展上会出现阶段性和波浪式起伏前进。由于对复杂零件、难加工零件加工工艺上的创新，主机布局、结构上的开发以及开放式数控系统的发展、新颖刀具技术上的革新，在确保加工精度的基础上，突出进一步提高效率。在高速化、精密化、复合化、环保化、网络化潮流中，突出的形式是世界机床技术的新潮流——复合化。

第二节　通用机床

通用机床是可以加工多种工件、完成多种工序、使用范围较广的机床。例如，卧式车床、卧式铣、镗床和立式升降台铣床等。通用机床的加工范围较广，结构往往比较复杂，主要适用于单件、小批生产。机床现在已经发展成为一个类型繁多、规格齐全的庞杂体系，其中应用最为广泛、功能最为典型的通用机床仅是其中的几类。

一、车床

能对轴、盘、环等多种类型工件进行多种工序的加工，常用于加工工件的内外回转表面、端面和各种内外螺纹，采用相应的刀具和附件，还可进行钻孔、扩孔、攻丝和滚花等，是机械制造和修配工厂中使用最广的一类机床。

（一）车床的分类

车床依用途和功能区分为多种类型。

（1）普通车床。加工对象广，主轴转速和进给量的调整范围大，能加工工件的内外表面、端面和内外螺纹。这种车床主要由工人手工操作，生产效率低，适用于单件、小批生产和修配车间。

（2）转塔车床和回转车床。具有能装多把刀具的转塔刀架或回轮刀架，能在工件的一次装夹中由工人依次使用不同刀具完成多种工序，适用于成批生产。

（3）多刀半自动车床。多刀半自动车床有单轴、多轴、卧式和立式之分。单轴卧式的布局形式与普通车床相似，但两组刀架分别装在主轴的前后或上下，用于加工盘、环和轴类工件，其生产率比普通车床提高3～5倍。

（4）仿形车床。能仿照样板或样件的形状尺寸，自动完成工件的加工循环，适用于形状较复杂的工件的小批和成批生产，生产率比普通车床高10～15倍。有多刀架、多轴、卡盘式、立式等类型。

（5）立式车床。立式车床的主轴垂直于水平面，工件装夹在水平的回转工作台上，刀架在横梁或立柱上移动。适用于加工较大、较重、难以在普通车床上安装的工件，一般分为单柱和双柱两大类。

（二）车床的总布局

车床的总布局就是机床各主要部件之间的相互位置关系，以及它们之间的相对运动关系。

（1）主轴箱。主轴箱固定在床身上，内部装有主轴（有些车床可能有变速传动机构），工件通过卡盘等夹具装夹在主轴的前端。主轴箱的功用是支撑主轴，将动力（可能还要经过变速传动机构）传给主轴，使主轴带动工件按规定的转速旋转，以实现主运动。

（2）刀架部件。刀架安装在床身上，刀架部件由几层刀架组成，其功用是装夹车刀，实现纵向、横向或斜向进给运动。

（3）尾座。尾座安装在床身上的尾座导轨上，可沿导轨纵向调整其位置。它的功用是顶头支承长工件，也可以安装钻头、铰刀等孔加工刀具进行孔加工。

（4）床身。固定在左、右床腿上。在床身上安装着车床的各个主要部件。床身的功用是支撑各主要部件，使它们在工作时保持准确的相对位置。

（5）操纵控制系统。操纵控制车床各部件的运动，如起停、换向和变速等。

与其他机床一样，车床上应用着越来越多的新技术新材料，向着自动化、智能化、复合化、高速高精度以及柔性化方向发展。

二、铣床

铣床是用铣刀对工件进行铣削加工的机床。和车床正相反，铣床一般是刀只做回转运动，而工件不动或做进给运动。铣床除能铣削平面、沟槽、轮齿、螺纹和花键轴外，还能加工比较复杂的型面，效率较刨床高，在机械制造和修理部门得到广泛应用。

铣床种类很多，一般是按布局形式和适用范围加以区分，主要的有升降台铣床、龙门铣床、单柱铣床和单臂铣床、仿形铣床、工具铣床等。

升降台铣床有万能式、卧式和立式几种，主要用于加工中小型零件，应用最广。龙门铣床包括龙门铣镗床、龙门铣刨床和双柱铣床，均用于加工大型零件。

工具铣床主要用于模具和工具制造，配有立铣头、万能角度工作台和插头等多种附件，还可进行钻削、镗削和插削等加工。

三、刨床

刨床是用刨刀加工工件的机床，主要用于加工各种平面和沟槽。刨床的主运动和进给运动都是直线运动，由于工件的尺寸和重量不同，表面成型运动有不同的分配形式。刨床常见的种类主要有牛头刨床和龙门刨床两类。

1836年，英国的纳思密发明了牛头刨床。牛头刨床适于加工尺寸和重量较小的工件。1920年前后，英国的理查德·罗伯茨最早制造出了龙门刨床。龙门刨床使工件的往复运动成为主运动，适于加工较大较长的工件，尤其适于加工长而窄的平面和沟槽。应用龙门刨床进行精密刨削，可得到较高的精度和表面质量。大型机床的导轨通常是用龙门刨床精刨完成的。

四、钻床

钻床是一种孔加工机床。加工时，工件固定在工作台上不动，刀具在进行旋转主运动的同时，还沿其轴线移动，完成进给运动。在钻床上，可以进行钻孔、扩孔、铰孔、锪孔、攻丝和锪端面等。钻床的加工精度不高，只适合加工一些精度不太高的零件。钻床可分为立式钻床、台式钻床、摇臂钻床和其他专门化钻床。

第三节　专用机床

专用机床和通用机床不同，它指的是为了某一种零件的某一道特定工序专门设计的机床。所以工艺范围比较窄，只适用于大批量生产。比如，汽车、齿轮、拖拉机的制造中使用专用机床就很普遍。在专用机床中比较典型的是组合机床。下面重点介绍一下组合机床。

一、组合机床的工艺范围和特点

为了提高生产率，加工中必须尽可能缩短加工时间和辅助时间，并使辅助时间和加工时间重合，使每个工位安装多个工件能同时进行多刀加工，实行工序高度集中，因而在批量生产中首先提出了组合机床的应用。

组合机床是根据零件的加工要求，以标准化的通用部件为基础，配以少量按工件特定形状和加工工艺设计的专用部件和夹具，组成的半自动或自动高效专用机床。

组合机床的工艺范围有：铣平面、车平面、锪平面、钻孔、扩孔、铰孔、镗孔、倒角、切槽、攻螺纹等。

组合机床最适于加工箱体零件，例如，汽缸体、汽缸盖、变速箱体、阀门与仪表的壳体等。另外，轴类、盘类、套类及叉架类零件，例如，曲轴、汽缸套、连杆、飞轮、法兰盘、拨叉等也能在组合机床上完成部分或全部加工工序。随着自动化的发展，组合机床的工艺范围已扩展到车外圆、行星铣削等工序。

组合机床与一般专用机床相比，有以下特点。

（1）设计、制造周期短，而且也便于使用与维修，成本低。因为通用化、系列化、标准化程度高，通用零部件占70%～90%，而且通用零部件可组织批量生产。

（2）加工效率高。组合机床可采用多刀、多轴、多工位和多件加工，因此，特别适用于汽车、拖拉机、电机等行业定型产品的大量生产。

（3）加工精度稳定。因为工序固定，可选用成熟的通用部件、精密夹具和自动工作循环来保证加工精度的一致性。

（4）自动化程度高，劳动强度低。

（5）配置灵活。因为模块化、组合化，可按工件或工序要求，用大量通用部件和少量专用部件灵活组成各种类型的组合机床及自动线；且当机床改装或加工对象改变时，通用零部件可重复使用，组成新的组合机床，不致因产品的更新而造成设备的大量浪费。

二、组合机床的组成和配置形式

（一）组成

组合机床一般由侧底座、立柱底座、立柱、动力箱、滑台及中间底座等通用部件及多轴箱、夹具等主要专用部件组成。

（二）配置形式

组合机床的形式很多，根据工件的不同加工要求，采用各种结构的通用部件和专用部件，就可以灵活地组合成各种不同配置形式的组合机床。按照工位数的不同，组合机床可以分为单工位组合机床和多工位组合机床两大类。

1.单工位组合机床

在这种机床上加工时工件安装在机床的固定夹具里不动，由动力部件移动来完成各种加工。这类机床能保证较高的位置精度，适用于大、中型箱体类零件的加工。

2.多工位组合机床

多工位组合机床有2个或2个以上的加工工位。加工时，工件借助夹具（或手动）顺次地由一个工位输送到下一个工位，以便在各个工位上完成同一加工部位的多步加工或不同部位的加工，从而完成一个或数个表面的较复杂的加工工序。多工位组合机床适用于大批量生产中加工较复杂的中、小型零件。

多工位组合机床有固定夹具式、移动工作台式、回转工作台式以及中央立柱式等多种配置形式。

组合机床未来的发展将更多地采用调速电动机和滚珠丝杠等传动，以简化结构、缩短生产节拍；采用数字控制系统和主轴箱、夹具自动更换系统，以提高工艺可调性以及纳入柔性制造系统等。

第四节 数控机床

数控是数字控制（Numerical Control，缩写为NC）的简称，其含义是用以数字和符号构成的加工信息控制机床的自动运转。数控机床也简称为NC机床。

一、数控机床的发展历史

1947年，美国的Parson公司在生产直升机机翼检查样板时，为了提高精度和效率，提出了用穿孔卡片来控制机床的方案，这一方案迎合了美国空军为开发航天及导弹产品，需要加工复杂零部件的需求，于是得到了空军的经费支持，开始研究以脉冲方式控制机床各轴运动，进行复杂轮廓加工的装置。1949年与MIT（麻省理工学院）的伺服机构研究所开始共同研究，历时三年完成了能进行三轴控制的铣床样机，取名为"Numerical Control"，这就是数控机床的所谓第一号机。

当时的数控装置采用电子管元件，体积庞大，价格昂贵，只在航空工业等少数有特殊需要的部门用来加工复杂型面零件；1959年，制成了晶体管元件和印刷电路板，使数控装置进入了第二代，体积缩小，成本有所下降；1960年以后，较为简单和经济的点位控制数控钻床和直线控制数控铣床得到较快发展，使数控机床在机械制造业各部门逐步获得推广。

如今，数控技术已经应用在各种加工机床上，例如，数控车床、数控铣床、数控钻床、数控冲床、数控齿轮加工机床、数控电火花、线切割、激光加工机床等。

数控机床已发展到不但具有刀具自动交换装置，而且具有工件自动供给、装卸、刀具寿命检测、排屑等各种附加装置，可以进行长时间的无人运转加工。

当今的数控机床已经在机械加工部门占有非常重要的地位，是柔性制造系统（Flexible Manufacturing System，缩写为FMS）、计算机集成制造系统（CIMS）、自动化工厂（Factory Automation，缩写为FA）的基本构成单元。

二、数控机床的组成与工作原理

（一）数控机床的组成

数控机床一般由信息载体、数控系统和机床本体组成。而数控系统由输入/输出装置、计算机数控装置、可编程序控制器和伺服驱动装置四部分组成，有些数控系统还配有位置检测装置。

1.信息载体

信息载体又称控制介质，用于记载各种加工信息，如刀具和零件的相对运动数据、工艺参数（进给速度、主轴转速等）和辅助运动等，以控制机床的运动，实现零件的加工。

2.数控系统

这是数控机床的核心，它的功能是接受输入装置输入的加工信息，完成数控计算、逻辑判断、输入输出控制等功能。计算机数控系统一般由输入/输出装置、计算机数控装置、可编程序控制器、伺服驱动装置和位置检测装置等组成。

（1）输入/输出装置。数控机床在进行加工前，必须接受由操作人员输入的零件加工程序，然后才能根据输入的加工程序进行加工控制，从而加工出所需的零件。

数控系统操作面板和显示器是数控系统不可缺少的人机交互设备，操作人员可通过数控系统操作面板和显示器输入程序、编辑修改程序和发送操作命令。数控系统通过显示器为操作人员提供必要的信息，根据系统所处的状态和操作命令的不同，显示的信息可以是正在编辑的程序，或是机床的加工信息。较简单的显示器只有若干个数码管，显示的信息也很有限；较高级的系统一般配有CRT（阴极射线管）显示器或点阵式液晶显示器，显示的信息较丰富；低档的显示器只能显示字符，中、高档的显示系统能显示图形。

（2）计算机数控装置。计算机数控装置是数控系统的核心。它的主要功能是将输入装置传送的数控加工程序，经数控系统软件进行译码、插补运算和速度预处理，输出相应的指令脉冲以驱动伺服系统，进而控制机床动作。

（3）可编程序控制器。在数控系统中除了进行轮廓轨迹控制和点位控制外，还应控制一些开关量，如主轴的启动与停止、冷却液的开与关、刀具的更换、工作台的夹紧与松开等，主要由可编程序控制器来完成。

（4）伺服驱动装置。伺服驱动装置又称伺服系统，它是CNC装置和机床本体的联系环节，它把来自CNC装置的微弱指令信号调解、转换、放大后驱动伺服电动机，通过执行部件驱动机床运动，使工作台精确定位或使刀具与工件按规定的轨迹做相对运动，最后加工出符合图样要求的零件。数控机床的伺服驱动装置包括主轴驱动单元（主要是转速控制）、进给驱动单元（包括位移和速度控制）、回转工作台和刀库伺服控制装置以及它们相应的伺服电动机等。

（5）位置检测装置。位置检测装置主要用于闭环和半闭环系统。检测装置检测出实际的位移量，反馈给CNC装置中的比较器，与CNC装置发出的指令信号比较，如果有差值，就发出运动控制信号，控制数控机床移动部件向消除该差值的方向移动。不断比较指令信号与反馈信号，然后进行控制，直到差值为零，运动停止。

常用检测装置有旋转变压器、编码器、感应同步器、光栅、磁栅、霍尔检测元件等。

3.机床本体

机床本体是用于完成各种切削加工的机械部分。根据不同的零件加工要求，有车床、铣床、镗床、重型机床、电加工机床、绘图机、测量机等。与普通机床不同的是，数控机床的主体结构具有如下特点。

（1）由于大多数数控机床采用了高性能的主轴及伺服传动系统，因此，数控机床的机械传动结构得到了简化，传动链较短。

（2）为了适应数控机床连续地自动化加工，数控机床机械结构具有较高的动态刚度、阻尼精度及耐磨性，热变形较小。

（3）更多地采用高效传动部件，如滚珠丝杠副、直线滚动导轨等。

（二）数控机床的工作原理

首先，根据零件加工图样的要求确定零件加工的工艺过程、工艺参数和刀具位移数据，再按编程手册的有关规定编写零件加工程序。其次，把零件加工程序输入到数控系统。数控装置的系统程序将对加工程序进行译码与运算，发出相应的命令，通过伺服系统驱动机床的各运动部件，并控制所需要的辅助动作，最后加工出合格的零件。

系统程序存于计算机内存中。所有的数控功能基本上都依靠该程序完成，如输入、译码、数据处理、插补、伺服控制等。下面简单介绍计算机数控系统的工作过程。

1.输入

数控装置使用标准串行通信接口与微型计算机相连接，实现零件加工程序和参数的传送。

零件加工程序较短时，也可直接用系统操作面板键盘将程序输入到数控装置。

零件加工程序较长时，通过系统自备的RS-232通信接口与微型计算机相连接，利用通信软件传输零件加工程序。

2.译码

输入的程序段含有零件的轮廓信息（起点、终点、直线、圆弧等）、要求的加工速度以及其他的辅助信息（换刀、换挡、冷却液等）。计算机依靠译码程序来识别这些数据符号，译码程序将零件加工程序翻译成计算机内部能识别的语言。

3.数据处理

数据处理程序一般包括刀具半径补偿、速度计算以及辅助功能的处理。刀具半径补偿是把零件轮廓轨迹转化为刀具中心轨迹。这是因为轮廓轨迹的实现是靠刀具的运动来实现的缘故。速度计算解决该加工数据段以什么样的速度运动的问题。加工速度的确定是一个工艺问题。CNC系统仅仅是保证这个编程速度的可靠实现。另外，辅助功能如换刀、换挡等也在这个程序中实现。

4.插补

插补，即知道了一个曲线的种类、起点、终点以及速度后，在起点和终点之间进行数据点的密化。计算机数控系统中有一个采样周期，在每个采样周期形成一个微小的数据段。若干次采样周期后完成数据段的加工，即从数据段的起点走到终点。计算机数控系统是一边插补，一边加工的。本次采样周期内插补程序的作用是计算下一个采样周期的位置增量。一个数据段正式插补加工前，必须先完成诸如换刀、换挡、冷却液等功能，即只有辅助功能完成后才能进行插补。

5.伺服控制

伺服控制的功能是根据不同的控制方式（如开环、闭环），把来自数控系统插补输出的脉冲信号经过功率放大，通过驱动元件和机械传动机构，使机床的执行机构按规定的轨迹和速度加工。

6.管理程序

当一个数据段开始插补时，管理程序即着手准备下一个数据段的读入、译码、数据处理。即由它调用各个功能子程序，且保证一个数据段加工过程中将下一个程序段准备完毕。一旦本数据段加工完毕，即开始下一个数据段的插补加工。整个零件加工就是在这种周而复始的过程中完成。

三、数控机床的特点

（一）数控机床的优点

数控机床是一种高效能的自动加工机床，是一种典型的机电一体化产品。采用数控技术的金属切削机床与普通机床相比具有以下一些优点。

1.高柔性

用数控机床加工形状复杂的零件或新产品时，不必像普通机床那样需要很多工装，而仅需要少量工夹具和重新编制加工程序，这为单件、小批量零件加工及试制新产品提供了极大的便利。

2.高精度

目前数控机床的脉冲当量普遍达到了0.001mm，而且进给传动链的反向间隙与丝杠螺距误差等均可由数控装置进行补偿，因此，数控机床能达到很高的加工精度。

3.高效率

零件加工所需的时间主要包括机动时间和辅助时间两部分。数控机床主轴的转速和进给速度的变化范围比普通机床大，因此，数控机床每一道工序都可选用最有利的切削用量。由于数控机床的结构刚性好，因此允许进行大切削用量的强力切削，提高了数控机床的切削效率，节省了机动时间。数控机床的移动部件空行程运动速度快，工件装夹时间短，辅助时间比普通机床少。数控机床通常不需要专用的工夹具，因而可省去工夹具的设计和制造时间。在加工中心机床上加工零件时，可实现多道工序的连续加工，生产效率的提高更为明显。

4.自动化程度高

数控机床对零件的加工是按事先编好的程序自动完成，操作者除了操作键盘、装卸工件、进行关键工序尺寸中间检测，以及观察机床运行之外，不需要进行繁重的重复性手工操作，劳动强度大大减轻。

5.能加工复杂型面

数控机床可以加工普通机床难以加工的复杂型面零件。

6.便于现代化管理

用数控机床加工零件，能精确地估算零件的加工工时，有助于精确编制生产进度表，有利于生产管理的现代化。数控机床使用数字信息与标准代码输入，最适宜于数字计算机联网，便于实现计算机辅助制造和发展柔性生产。

（二）数控机床的不足之处

数控机床存在的不足之处是：

（1）数控机床的价格较贵；

（2）调试和维修比较复杂，需要专门的技术人员；

（3）对编程人员和操作人员的技术水平要求较高。

（三）数控机床的适用范围

数控机床具有普通机床所不具备的许多优点，其应用范围正在不断扩大，最适合加工以下零件：

（1）多品种小批量零件。

（2）形状结构比较复杂的零件。

（3）需要频繁改型设计的零件。

（4）价格昂贵、不允许报废的关键零件。如飞机大梁零件，此零件虽不多，但若加工中出现差错而报废，将造成巨大的经济损失。

（5）必须严格控制位置要求的零件。如箱体类零件、航空附件壳体等。

四、数控机床的分类

（一）按工艺用途分类

1.普通数控机床

这类数控机床和传统的通用机床一样，有数控的车、铣、钻、镗、磨床等，而且每一类里又有很多品种，例如，数控铣床中就有立铣、卧铣、工具铣、龙门铣等，这类机床的工艺性能和通用机床相似，所不同的是它能自动加工具有复杂形状的零件。

2.加工中心机床

这是一种在普通数控机床上加装一个刀库和自动换刀装置而构成的数控机床。它和普通数控机床的区别是：工件经一次装夹后，数控系统就能控制机床自动地更换刀具，连续地对工件各加工面进行铣（车）、镗、钻、铰及攻丝等多工序加工，这就大大减少了机床台套数；由于减少了多次安装造成的定位误差，从而提高了各加工面间的位置精度。

3.金属成形类数控机床

有数控折弯机、数控弯管机、数控回转头压力机等。

4.多坐标数控机床

有些复杂形状的零件，用三坐标的数控机床还是无法加工，如螺旋桨、飞机机翼曲面及其他复杂零件的加工等，都需要三个以上坐标的合成运动才能加工出所需的形状，于是出现了多坐标数控机床。多坐标数控机床的特点是数控装置控制的轴数较多，机床结构也比较复杂，坐标轴数的多少通常取决于加工零件的复杂程度和工艺要求。现在常用的有4~6个坐标联动的数控机床。

5.数控特种加工机床

数控特种加工机床包括数控线切割机床、数控电火花加工机床、数控激光切割机床等。

（二）按机床运动的控制轨迹分类

1.点位控制数控机床

数控系统只控制刀具从一点到另一点的准确定位，在移动过程中不进行加工，对两点间的移动速度及运动轨迹没有严格的要求。这类数控机床主要有数控钻床、数控坐标镗床、数控冲剪床等。

2.直线控制数控机床

数控系统除了控制点与点之间的准确位置以外，还要保证两点之间移动的轨迹是一条平行于坐标轴的直线，而且对移动速度也要进行控制，以便适应随工艺因素变化的不同要求。有些数控机床有45°斜线切削功能，但不能以任意斜率进行直线切削。这类数控机床主要有简易数控车床、数控磨床等。

3.轮廓控制数控机床

数控系统能同时对两个或两个以上的坐标轴进行连续相关的控制，不仅能控制轮廓的起点和终点，而且还要控制轨迹上每一点的速度和位移。轮廓控制要比点位控制更为复杂，需要在加工过程中不断进行多坐标轴之间的插补运算，实现相应的速度和位移控制。很显然，轮廓控制包含了点位控制和直线控制。这类数控机床主要有数控车床、数控铣床和加工中心等。

随着计算机数控装置的发展，如增加轮廓控制功能，只需增加插补运算软件即可，几乎不带来成本的提高。因此，除少数专用的数控机床（如数控钻床、冲床等）以外，现代的数控机床都具有轮廓控制功能。

对于轮廓控制的数控机床，根据同时控制坐标轴的数目还可分为二轴联动、二轴半联动、三轴联动、四轴联动和五轴联动。

（三）按伺服系统的控制方式分类

1.开环控制系统的数控机床

开环控制系统的数控机床不带位置检测元件，通常使用功率步进电动机作为执行部件。数控装置每发出一个指令脉冲，经驱动电路功率放大后，就驱动步进电动机旋转一个角度，再由传动机构带动工作台移动。

开环控制系统的数控机床受步进电动机的步距精度和传动机构的传动精度影响，难以实现高精度加工。但由于系统结构简单、成本较低、技术容易掌握，所以使用仍较为广泛。经济型数控机床和普通机床的数控化改造大多采用开环控制系统。

2.闭环控制系统的数控机床

典型的闭环控制系统在机床运动部件或工作台上直接安装直线位移检测装置，将检测到的实际位移反馈到数控装置的比较器中，与程序指令值进行比较，用差值进行控制，直到差值为零。从理论上讲，闭环控制系统的运动精度主要取决于检测装置的检测精度，而与传动链的误差无关。但对机床结构及传动链仍然提出了严格的要求，传动系统的刚性不足及间隙的存在，导轨的低速爬行等因素都会增加系统调试的困难，甚至会使数控机床的伺服系统工作时产生振荡。

闭环控制可以获得比开环控制系统精度更高、速度更快、驱动功率更大的特性指标。但其成本较高、结构复杂、调试维修困难，主要用于精度要求很高的数控坐标镗床、数控精密磨床等。

3.半闭环控制系统的数控机床

如果将角位移检测装置安装在驱动电动机的端部，或安装在传动丝杠端部，间接测量执行部件的实际位置或位移，就是半闭环控制系统。它介于开环和闭环控制系统之间，获得的位移精度比开环高，但比闭环要低。与闭环控制系统相比，易于实现系统的稳定性。现在大多数数控机床都采用半闭环控制系统。

（四）按数控系统功能水平分类

按数控系统的功能水平，可分为经济型、普及型和高档型数控机床三种。

1.经济型数控机床

经济型数控机床大多是指采用开环控制系统的数控机床，其功能简单、精度一般、价格便宜。采用8位微处理器或单片机控制，分辨率为$10\mu m$，快速进给速度在6~8m/min，采用步进电动机驱动，一般无通信功能，有的具有RS-232接口，联动轴数为2~3轴，具有数码显示或CRT字符显示功能。如经济型数控线切割机床、数控车床、数控铣床等。

2.普及型数控机床

普及型数控机床又称全功能数控机床，大多采用交流或直流伺服电动机实现半闭环控制，其功能较多，以实用为主，还具有一定的图形显示功能及面向用户的宏程序功能等。采用16位或32位微处理器，分辨率为$1\mu m$，快速进给速度在15~24m/min之间，具有RS-232接口，联动轴数为2~5轴。

这类数控机床的功能较全，价格适中，应用较广。

3.高档型数控机床

高档型数控机床是指加工复杂形状的多轴联动加工中心，其工序集中、自动化程度高、功能强大，具有高柔性。一般采用32位以上微处理器，采用多微处理器结构。分辨率为$0.1\mu m$，快速进给速度可达100m/min或更高，具有制造自动化协议（Manufacturing Automation Protocol，缩写为MAP）高性能通信接口、联网功能，联动轴数在5轴以上，有三维动态图形显示功能。这类数控机床的功能齐全，价格昂贵。如具有5轴以上的数控铣床，加工复杂零件的大、重型数控机床，五面体加工中心，车削加工中心等。

五、数控系统的发展趋势

随着微电子技术和计算机技术的发展，数控系统性能日臻完善，数控系统应用领域日益扩大。为了满足社会经济发展和科技发展的需要，数控系统正朝着高精度、高速度、高可靠性、智能化及开放性等方向发展。

（一）高速化和高精度化

速度和精度是数控系统的两个重要技术指标，它直接关系到加工效率和产品质量。要提高生产率，其中最主要的方法是提高切削速度。高速度主要取决于数控系统数据处理的速度，采用高速微处理器是提高数控系统速度的最有效手段。现代数控系统已普遍采用32位微处理器，其总线频率已达40MHz，并有向64位微处理器发展的趋势。有的系统还制造了插补器的专用芯片，以提高插补速度，有的采用多微处理器系统，进一步提高了控制速度。

提高主轴转速也是提高切削速度的最有效的方法之一。

现代数控机床在提高加工速度的同时，也在提高加工精度。目前最小设定单位为0.1μm的数控机床，最大进给速度可达100m/min。

提高数控机床的加工精度，一般是通过减少数控系统的误差和采取误差补偿技术实现。

（二）高可靠性

现代数控机床已大量使用高集成度和高质量的硬件，大大降低了数控机床的故障率。衡量可靠性的重要指标是平均无故障工作时间（Mean Time Between Failure，缩写为MTBF），现代数控系统的平均无故障工作时间可达10 000~36 000h。此外，现代数控系统还具有人工智能功能的故障诊断系统，能对潜在的和发生的故障发出警报，提示解决方法。

（三）智能化

数控系统应用高技术的重要目标是智能化，主要体现在以下几个方面。

1.自适应控制技术

通常数控机床是按照预先编好的程序进行工作的，由于加工过程中的不确定因素，如毛坯余量和硬度的不均匀、刀具的磨损等难以预测，为了保证质量，编程时一般采用比较保守的切削用量，从而降低了加工效率。自适应控制系统可以在加工过程中随时对主轴转矩、切削力、切削温度、刀具磨损参数进行自动检测，并由微处理器进行比较运算后及时调整切削参数，使加工过程始终处于最佳状态。

2.自动编程技术

为了提高编程效率和质量，降低对操作人员技术水平的要求，现代数控系统附加人机会话自动编程软件，实现自动编程。

3.具有设备故障自诊断功能

数控系统发生故障，控制系统能够进行自诊断，并自动采取排除故障的措施，以适应长时间无人操作环境的要求。

4.引进模式识别技术

应用图像识别和声控技术，使机器能够根据零件的图像信息，按图样自动加工，或按照自然语言指令进行加工。

（四）具有更高的通信功能

为了适应自动化技术的进一步发展，一般数控系统都具有RS-232和RS-422高速远距离串行接口。可按照用户级的要求，与上一级计算机进行数据交换。高档的数控系统应具有直接数字控制（Direct Numerical Control，缩写为DNC）接口，可以实现几台数控机床之间的数据通信，也可以直接对几台数控机床进行控制。不少数控系统采用MAP工业控制网络，可以很方便地进入柔性制造系统和计算机集成制造系统。

（五）开放性

由于数控系统生产厂家技术的保密性，传统的数控系统是一种专用封闭式系统，各个厂家的产品之间以及与通用计算机之间不兼容，维修、升级困难，难以满足市场对数控技术的要求。针对这些情况，人们提出了开放式数控系统的概念，国内外数控系统生产厂家正在大力研发开放式数控系统。开放性数控系统具有标准化的人机界面和编程语言，软、硬件兼容，维修方便。

第五节　加工中心

一、加工中心的特点和分类

加工中心（Machining Center，缩写为MC）是数控机床的一种，一般是指具有刀库和自动换刀功能的数控铣床。自动交换刀具（Auto Tool Change，缩写为ATC）系统包括刀库和机械手。

工件在加工中心上经一次装夹后，数字控制系统能控制机床按不同工序，自动选择和更换刀具，自动改变机床主轴转速、进给量和刀具相对工件的运动轨迹及其他辅助机能，依次完成工件几个面上多工序的加工。

加工中心由于工序的集中和自动换刀，减少了工件的装夹、测量和机床调整等时间，使机床的切削时间达到机床开动时间的80%左右（普通机床仅为15%~20%）；同时减少了工序之间的工件周转、搬运和存放时间，缩短了生产周期，使机床的切削利用率（切削时间和开放时间之比）高于普通机床3~4倍，达80%以上，具有明显的经济效果。加工中心适用于零件形状比较复杂、精度要求较高、产品更换频繁的中小批量生产。

第一台加工中心是1958年由美国卡尼—特雷克公司首先研制成功的。它在数控卧式镗铣床的基础上增加了自动换刀装置，可以根据穿孔带的指令自动选择刀具，并通过机械手将刀具装在主轴上，缩短了机床上零件的装卸时间和更换刀具的时间。从而实现了工件一次装夹后即可进行铣削、钻削、镗削、铰削和攻丝等多种工序的集中加工。

加工中心按主轴的布置方式分为立式和卧式两类。

（1）卧式加工中心一般具有分度转台或数控转台，可加工工件的各个侧面；也可做多个坐标的联合运动，以便加工复杂的空间曲面。

（2）立式加工中心一般不带转台，仅做顶面加工。

此外，有些加工中心还带有交换工作台，使工件在一个工作台上加工的同时，另一工作台可进行装卸工件，使装卸工件时间与加工时间重合。有些加工中心还带有多个可以自动更换的装有多把刀具的多轴主轴箱，这样即可对工件同时进行多孔加工。还有些带立、卧两个主轴的复合式加工中心，和主轴能调整成卧轴或立轴的立卧可调式加工中心，它们能对工件进行五个面的加工。

可见，加工中心通过机床功能复合，工序高度集中，缩短了辅助时间，达到了高柔性、高精度、高自动化和高效率的统一，赢得了制造业的推崇。世界上一些发达国家的加工中心拥有量和产量都在数控机床中占50%左右。

加工中心的概念还扩展到其他数控机床中，如带有刀库和C轴控制的车削中心、自动交换砂轮的磨削中心、自动交换模具的板材加工中心等。

二、车削中心

车削中心（Turning Center，缩写为TC）是在数控车床基础上发展起来的复合加工机床。为了使数控车床能够自动更换刀具实现对回转体零件进行多工序加工，一般装有用齿盘分度的转塔式多工位刀架（相当于刀库），有的甚至装有更多工位的链式回转刀库，根据加工工件的需要，配置相应的动力或非动力刀具。车削中心的另一重要特征是除具有一般两轴联动的数控车削功能外，为了进行端面和圆周面上任意部位的钻削、铣削、攻丝加工，以及实现各种曲面（包括圆周面上的螺旋槽）的铣削加工，而增加了C轴控制。C轴由伺服电机驱动主轴回转进给。转塔刀架内有电机经传动机构传动铣刀、钻头等实现主运动。

三、钻削中心

由于加工中心的发展，绝大多数数控钻床已被加工中心取代，但有些以钻为主要工序的零件仍需应用数控钻床来加工。如加工印制电路板等，故数控钻床还有一定的需要量，它是能自动进行钻孔的数控机床。

大多数钻床用点位控制，同时沿两轴或三个轴移动可以减少定位时间。有时也采用直线控制，为的是进行平行下机床轴线的钻削加工。

钻削中心是一种可以进行钻孔、扩孔、铰孔、攻丝及连续轮廓控制铣削的数控机床。主要用于航天航空、汽车机车、仪器仪表、轻工纺织、电子电器和机械制造等行业的中小型箱体、盖、板壳、盘等零件的加工。

第六节 柔性制造系统

一、柔性制造系统的基本概念

柔性制造系统（Flexible Manufacturing System，缩写为FMS）是20世纪60年代末诞生的新技术。促成FMS技术产生和发展的原因是：适应现代产品频繁更新换代的要求，满足人们对产品的不同需求，降低成本，缩短制造周期。传统的多品种小批量生产方式，如采用普通机床、数控机床等进行加工，虽然具有较好的生产柔性（适应性），但生产率低，成本高；而传统的少品种大批量生产方式，如采用专用设备的流水线进行加工，虽然能提高生产率和降低生产成本，但却缺乏柔性。FMS正是综合了上述两种生产方式的优点，兼顾了生产率和柔性，是适用于多品种、中小批量生产的自动化制造系统。

FMS是近年兴起的新制造技术，至今并无确切的定义，通常所说的FMS是指以数控机床、加工中心及辅助设备为基础，用柔性的自动化运输、存储系统有机地结合起来，由计算机对系统的软、硬件资源实施集中管理和控制而形成的一个物料流和信息流密切结合的、没有固定的加工顺序和工作节拍的、主要适用于多品种中小批量生产的高效自动化制造系统。

二、FMS应具备的功能

一般来说，要提高生产率就要降低柔性，反之亦然。而FMS则是从系统的整体角度出发，将系统中的物料流和信息流有机地结合起来，同时均衡系统的自动化程度和柔性，这就要求FMS应具备如下功能。

（一）自动加工功能

在成组技术的基础上，FMS应能根据不同的生产需要，在不停机的情况下，自动地变更各加工设备上的工作程序，自动更换刀具，自动装卸工件，自动地调整冷却切削液的供给状态及自动处理切屑等，这是制造系统实现自动化的基础。

（二）自动搬运和储料功能

为实现柔性加工，FMS应能按照不同的加工顺序，以不同的运输路线，按不同的生产节拍对不同的产品零件进行同时加工。同时，为提高物料运送的准确性和及时性，系统中还应具有自动化储料仓库、中间仓库、零件仓库、夹具仓库、刀具库等。自动搬运和储料功能是系统提高设备利用率，实现柔性加工的重要条件。

（三）自动监控和诊断功能

FMS应能通过各种传感测量的反馈控制技术，及时监控和诊断加工过程，并做出相应的处理。这是保证系统正常工作的基础。

（四）信息处理功能

这是将以上三者综合起来的软件功能。应包括生产计划和管理程序的制订，自动加工和送料、储料及故障处理程序的制订，生产信息的论证及系统数据库的建立等。

三、FMS的组成及技术特点

柔性制造系统一般由下列几部分组成。

（1）标准的数控机床或制造单元。通常将具有自动上下料功能的多工位、加工型（或装配型）数控机床称为"制造单元"，它是FMS中的基本组成模块。

（2）一个在机床和装夹工位之间运送零件和刀具的传送系统。

（3）一个发布指令，协调机床、工件和刀具传送装置的总监控系统。

（4）中央刀具库及其管理系统。

（5）自动化仓库及其管理系统。

由上述可见，FMS并不等于几台CNC机床或FMC的简单叠加，而是增加了计算机统一管理（甚至作业调度）、物料传输与存储、监控等重要功能。

目前在切削加工领域有回转零件的FMS，有加工箱体（含壳体）零件的FMS及混合型的FMS。以加工箱体零件的为最多，约占FMS的70%。另外在钣金加工中FMS发展也十分迅速。

采用FMS的主要技术经济效果是：能按装配作业配套需要，及时安排所需零件的加工，实现及时生产，从而减少毛坯和在制品的库存量，及相应的流动资金占用量，缩短生产周期；提高设备的利用率，减少设备数量和厂房面积；减少直接劳动力，在少人看管条件下可实现昼夜24小时的连续"无人化生产"；提高产品质量的一致性。

典型的柔性制造系统由两台或两台以上的数控机床或加工中心及自动物料系统和自动监控系统等组成。数控机床用于加工箱体类和板类零件，加工中心则用于加工轴类和盘类零件。中、大批量少品种生产中所用的FMS，常采用可更换主轴箱的加工中心，以获得更高的生产效率。它也可以是多个柔性制造单元（FMC）组成的制造系统。

柔性制造系统未来将向各种工艺内容的柔性制造单元和小型FMS发展；完善FMS的自动化功能；扩大FMS完成的作业内容，并与计算机辅助设计和辅助制造技术（Computer Aided Design/Computer Aided Manufacturing，缩写为CAD/CAM）相结合，向全盘自动化工厂方向发展。

四、FMS的经济效益

FMS是一项工程，而不同于一般的单机自动化产品，因此其造价极高，目前世界上仅有100个左右，但其所取得的经济效益是惊人的。与传统的机群式自动化单机相比，目前国外较为成功的FMS所获得的经济效益大致为：操作人员减少50%，成本降低60%，产品的在制时间减少50%，机床台数减少50%，机床的利用率可达60%~80%。如美国的福特汽车公司的科隆工厂对铝压铸模和锻模的生产需求量每年多达12万件，且品种繁多，仅发动机和变速箱的型号就有500种之多。过去采用26台数控机床单机生产模具，仅能满足总需求量的15%，而采用一套包含电火花加工中心在内的FMS进行模具生产后，可满足总需求量的70%，缩短模具制造周期55%。可见FMS的经济效益是显著的，而且随着科学技术的发展，FMS的造价将不断下降。毫无疑问，在未来的机器制造业中，与当代高新技术紧密结合和相互渗透的柔性制造技术必将占有极其重要的地位。

第三章　机械制造技术

第一节　高速切削技术

一、概述

高速切削是个相对的概念，究竟对其应如何定义，目前尚无共识。根据高速切削机理的研究结果，当切削速度达到相当高的区域时，切削力下降，工件的温升较低，热变形较小，刀具的耐用度提高。高速切削不仅大幅度提高了单位时间的材料切除率，而且还带来了一系列的其他优良特性。因此，高速切削的速度范围应该定义在能给加工带来一系列优点的区域。切削过程是一个非常复杂的过程，对于不同的加工工序和机床、不同的零件和刀具材料，常规切削对应不同的速度范围；而高速切削速度是个相对的概念，同样受到加工工序、材料和机床等因素的影响，所以很难给出一个确定的速度范围。

（一）定义

关于高速切削的定义目前沿用的主要有以下几种。

（1）1978年，CIRP切削委员会提出以线速度为500～7 000m/min的切削为高速切削。

（2）对铣削加工而言，以刀具夹持装置达到平衡要求（平衡品质和残余不平衡量）时的速度来定义高速切削。根据ISO1940标准，主轴转速高于8 000r/min为高速切削。

（3）德国Darmstadt工业大学生产工程与机床研究所（PTW）提出，以高于5～10倍普通切削速度的切削定义为高速切削。

（4）从主轴设计的观点，以沿用多年的*DN*值（主轴轴承孔直径*D*与主轴最大转速*N*的乘积）来定义高速切削。*DN*值达（5～2000）×10^5mm·r/min时为高速切削。

（5）从刀具和主轴的动力学角度来定义高速切削。这种定义取决于刀具振动的主模态频率，它在ANSI/ASME标准中用来进行切削性能测试时选择转速范围。

高速切削不仅仅要求有高的切削速度，而且还要求具有高的加速度和减速度。因为大多数零件在机床上加工时的工作行程都不长，一般在几毫米到几百毫米，只有在很短的时间内达到高速和在很短的时间内准确停止才有意义。因此在衡量机床的高速性能时还需要考察机床进给速度的加、减速性能。

普通机床的进给速度一般为8～15m/min，快速空行程进给速度为15～24m/min，加、减速度一般为0.1g～0.3g（g为重力加速度，g=9.8m/s^2）。目前高速切削机床的进给速度一般在30～90m/min以上，加、减速度为1g～8g。随着科学技术的不断发展，高速加工采用的切削速度会越来越快。

（二）高速切削的优点

与常规切削相比，高速切削有以下优点。

1.提高了生产率

随着切削速度的大幅度提高，单位时间内的材料切除率显著增加，机床快速空行程速度大幅度提高，有效地减少了加工时间和辅助时间，从而极大地提高了生产率。

2.提高了加工精度

高速切削时，在切削速度达到一定值之后，切削力会降低30%以上，工作的加工变形减小，95%～98%的切削热来不及传给工件就被切屑飞速带走，工件可基本上保持在较低的温度，不会发生大的热变形。所以高速切削有利于提高加工精度，也特别适合于大型框架件、薄板件、薄壁槽件等易热变形零件的高精度加工。

3.能获得较好的表面质量

高速切削时，在保证相同生产效率时可采用较小的进给量，可降低加工表面的粗糙度；同时在高速切削状态下，机床的激振频率特别高，远远离开了"机床—刀具—工件"工艺系统的固有频率范围，工作平稳、振动小，所以能加工出非常精密、光洁的零件。零件经高速车、铣加工后其表面质量常常可达到磨削的水平，留在工件表面上的应力也很小，故可省去常规铣削后的精加工工序。

4.可加工各种难加工材料

航空和动力部门大量采用镍基合金和钛合金，这类材料强度大、硬度高、耐冲击、加工中容易硬化、切削温度高、刀具磨损严重，在普通加工中一般采用很低的切削速度。如采用高速切削，则其切削速度可提高到100～1 000m/min，为常规切削的10倍左右，不但可大幅度提高生产率，而且可有效地减少刀具磨损，提高零件加工的表面质量。

5.降低了加工成本

高速切削时单位时间的金属切削率高、能耗低、工件加工时间短，从而有效地提高了能源和设备利用率，降低了生产成本。

近年来，世界各地的工业国家都在大力发展和应用高速加工技术，并且首先在飞机制造业和汽车制造业成功应用。生产实践表明，在铝合金和铸铁零件的高速加工中，材料的切除率可高达100～150$cm^3/\mu min \cdot kW$），比传统加工工艺的工效高3倍以上。动力工业中常用特种合金来制造发动机零件，这类材料强度大、硬度高、加工容易硬化、切削温度高、极易磨损刀具，属于难加工材料，用传统的加工方法效率特别低。如果采用高速加工，工效可以提高10倍以上，还可以延长刀具寿命，改善零件的加工质量。同样，在加工纤维增强塑料的时候，采用常规的加工方法存在很多问题且刀具磨损十分严重，如果采用高速切削，这些问题可以得到很好的解决。目前，在钢的高速加工方面还存在一些困难，还没有开发出适合钢材高速加工的高熔点、高强度的新型刀具材料。在加工轻合金、不含铁金属和工程材料时，高速加工可用于零件加工的全过程（包括粗加工和精加工）。在加工铸铁、钢和难加工材料的时候，多用于零件的粗加工。

目前高速切削主要应用于汽车工业、航空航天工业、模具工具制造、难加工材料和超精密微细切削加工领域。

二、高速切削加工的关键技术

实现高速切削加工是一项系统工程。实现高速切削加工必须有相应的工艺系统做保证，要对机床、刀具、夹具、工件所构成的封闭系统进行相应的创新，而且需对软件（涉及工艺、切削理论、监控与测试等）领域的发展进行系统、深入的研究。

随着近几年高速切削技术的迅速发展，各项关键技术包括高速主轴系统技术、快速进给系统技术、高性能CNC控制系统技术、先进的机床结构技术、高速加工刀具技术等也在不断地跃上新台阶。

（一）高速主轴系统

高速主轴单元是高速加工机床最关键的部件。目前，高速主轴的转速范围为10 000～25 000r/min，加工进给速度在10m/min以上。为适应这种切削加工，高速主轴应具有先进的主轴结构、优良的主轴轴承、良好的润滑和散热等新技术。

1.电主轴

在超高速运转的条件下，传统的齿轮变速和带传动已不能适应要求，于是人们以宽调速交流变频电动机来实现数控机床主轴的变速，从而使机床主传动的机械结构大为简化，形成一种新型的功能部件——主轴单元。在超高速数控机床中，几乎无一例外地采用电主轴（Electro-Spindle）。电主轴取消了主电动机与机床主轴之间的一切中间传动环节，将主传动链的长度缩短为零，因此这种新型的驱动与传动方式称为"零传动"。

电动机主轴振动小，由于采用直接传动，减少了高精密齿轮等关键部件，消除了齿轮的传动误差。同时，集成式主轴也简化了机床设计中的一些关键的工作，如简化了机床外形设计，容易实现高速加工中快速换刀时的主轴定位等。这种电动机主轴和以前用于内圆磨床的内装式电动机主轴有很大的区别，主要表现在：①有很大的驱动功率和转矩；②有较宽的调速范围；③有一系列监控主轴振动、轴承和电动机温升等运行参数的传感器、测试控制和报警系统，以确保主轴超高速运转的可靠性与安全性。

2.静压轴承高速主轴

目前，在高速主轴系统中广泛采用了液体静压轴承和空气静压轴承。液体静压轴承高速主轴的最大特点是运动精度很高、回转误差一般在0.2μm以下，因而不但可以提高刀具的使用寿命，而且可以达到很高的加工精度和较低的表面粗糙度。

采用空气静压轴承可以进一步提高主轴的转速和回转精度，其最高转速可达10 000r/min，转速特征值可达2.7×10^6mm/min，回转误差在50nm以下。静压轴承为非接触式，具有磨损小、寿命长、旋转精度高、阻尼特性好的特点，且其结构紧凑，动、静态刚度较高。但静压轴承价格较高，使用维护较为复杂。气体静压轴承刚度差、承载能力低，主要用于高精度、高转速、轻载荷的场合；液体静压轴承刚度高、承载能力强，但结构复杂、使用条件苛刻、消耗功率大、温升较高。

3.磁浮轴承高速主轴

磁浮轴承的工作原理如下：电磁铁绕组通过电流而对转子产生吸力，与转子重量平衡，转子处于悬浮的平衡位置。传感器检测出转子的位移，并将位移信号送至控制器。控制器将位移信号转换成控制信号，经功率放大器变换为控制电流，改变吸力方向，使转子重新回到平衡位置。位移传感器通常为非接触式，其数量一般为5~7个。

磁浮主轴的优点是精度高、转速高和刚度高，缺点是机械结构复杂，而且需要一整套的传感器系统和控制电路，所以磁浮主轴的造价较高。另外，主轴部件内除了驱动电机外，还有轴向和径向轴承的线圈，每个线圈都是一个附加的热源，因此，磁浮主轴必须有很好的冷却系统。

最近发展起来的自检测磁浮主轴系统较好地解决了磁浮轴承控制系统复杂的问题。其是利用电磁铁线圈的自感应来检测转子位移的。转子发生位移时，电磁铁线圈的自感应系数也要发生变化，即电磁铁线圈的自感应系数是转子位移x的函数，相应地，电磁铁线圈的端电压（或电流）也是位移x的函数。将电磁铁线圈的端电压（或电流）检测出来并作为系统闭环控制的反馈信号，通过控制器调节转子位移，使其工作在平衡位置上。

（二）超高速切削机床的进给系统

超高速切削进给系统是超高速加工机床的重要组成部分，是评价超高速机床性能的重要指标之一，是维持超高速切削中刀具的正常工作的必要条件。

普通机床的进给系统采用的是滚珠丝杠副加旋转伺服电机的结构，由于丝杠扭转刚度低，高速运行时易产生扭振，限制了运动速度和加速度的提高。此外，进给系统机械传动链较长，各环节普遍存在误差，传动副之间有间隙，这些误差相叠加后形成较大的综合传动误差和非线性误差，影响加工精度；机械传动存在链结构复杂、机械噪声大、传动效率低、磨损快等缺陷。超高速切削在提高主轴速度的同时必须提高进给速度，并且要求进给运动能在瞬间达到高速和实现瞬时准停等，否则，不但无法发挥超高速切削的优势，而且会使刀具处于恶劣的工作条件下，还会因为进给系统的跟踪误差影响加工精度。当采用直线电机进给驱动系统时，使用直线电机作为进给伺服系统执行元件，由电动机直接驱动机床工作台，传动链长度为零，并且不受离心力的影响，结构简单、质量轻，容易实现很高的进给速度（80～180m/min）和加速度（2g～10g），同时，系统动态性能好，运动精度高（0.1～0.01μm），运动行程不影响系统的刚度，无机械磨损。

（三）超高速轴承技术

超高速主轴系统的核心是高速精密轴承。因滚动轴承有很多优点，故目前国外多数超高速磨床采用的是滚动轴承。为提高其极限转速，主要采取如下措施。

（1）提高制造精度等级，但这样会使轴承价格成倍增长。

（2）合理选择材料，如用陶瓷材料制成的球轴承具有质量轻、热膨胀系数小、硬度高、耐高温，超高温时尺寸稳定、耐腐蚀、弹性模量比钢高、非磁性等优点。

（3）改进轴承结构。德国FAG轴承公司开发了HS70和HS719系列的新型高速主轴轴承，它将球直径缩小至原来的70%，增加了球数，从而提高了轴承结构的刚性。

日本东北大学庄司克雄研究室开发的CNC超高速平面磨床，使用陶瓷球轴承，主轴转速为30 000r/min。日本东芝机械公司在ASV40加工中心上，采用改进的气浮轴承，在大功率下可实现30 000r/min主轴转速。日本Koyseikok公司、德国Kapp公司曾经成功地在其高速磨床上使用了磁力轴承。磁力轴承的传动功耗小，轴承维护成本低，不需复杂的密封技术，但轴承本身成本太高，控制系统复杂。德国GMN公司的磁悬浮轴承主轴单元的转速最高达100 000r/min以上。此外，液体动静压混合轴承也已逐渐应用于高效磨床。

（四）高性能的计算机数控系统

围绕着高速和高精度，高速加工数控系统必须满足以下条件。

（1）数字主轴控制系统和数字伺服轴驱动系统应该具有高速响应特性。采用气浮、液压或磁悬浮轴承时，要求主轴支撑系统能根据不同的加工材料、不同的刀具材料及加工过程中的动态变化自动调整相关参数；工件加工的精度检测装置应选用具有高跟踪特性和高分辨率的检测元件。

（2）进给驱动的控制系统应具有很高的控制精度和动态响应特性，以适应高进给速度和高进给加速度。

（3）为适应高速切削，要求单个程序段处理时间短；为保证高速加工下的精度，要有前馈和大量的超前程序段处理功能；要求快速行程刀具路径尽可能圆滑，走样条曲线而不是逐点跟踪，少转折点、无尖转点；程序算法应保证高精度；遇干扰时能迅速调整，保持合理的进给速度，避免刀具振动。

此外，如何选择新型高速刀具、切削参数以及优化切削参数，如何优化刀具运动轨迹，如何控制曲线轮廓拐点、拐角处的进给速度和加速度，如何解决高速加工时CAD/CAM高速通信时的可靠性问题等都是数控程序需要解决的问题。

（五）超高速切削刀具和刀具系统

超高速切削加工要求，刀具材料与被加工工件材料的化学亲和力要小，并且具有优异的力学性能、热稳定性、抗冲击性和耐磨性。目前，适合于超高速切削的刀具主要有涂层刀具、金属陶瓷刀具、陶瓷刀具、立方氮化硼刀具、聚晶金刚石（PCD）刀具等。特别是聚晶金刚石刀具和聚晶立方氮化硼刀具（PCBN）的发展将推动超高速切削走向更广泛的应用领域。

涂层粉末冶金高速钢切削速度可达150～200m/min。细晶粒和亚微细晶粒硬质合金，TiC、TiN和TiCN基硬质合金，稀土硬质合金等适于在200～400m/min的高速下切削一般钢和合金钢，也可用于铸铁的精加工。涂层硬质合金刀具可用200～500m/min的速度加工钢、合金钢、不锈钢、铸铁和合金铸铁等。陶瓷刀具是高速切削最重要的刀具材料之一。选择合适的陶瓷刀具，可以用500～1 000m/min的高速切削铸铁，用300～800m/min的速度切削钢件，用100～200m/min的速度切削高硬材料（50～65HRC），用100～300m/min的速度切削耐热合金。金刚石刀具是目前高速切削（2 500～5 000m/min）铝合金的理想刀具材料。聚晶立方氮化硼刀具则可以在500～1 500m/min高速下加工铸铁，在100～400m/min下加工45～65HRC的淬硬钢，在100～200m/min下加工耐热合金。

对于高速旋转类刀具，刀具结构的安全性和动平衡精度是至关重要的。当主轴转速超过10 000r/min时，由于离心力的作用，可能损坏刀具和主轴，操作人员的安全受到威胁。所以，超高速切削需要正确设计刀体和刀片的夹紧结构，正确选择刀柄与主轴的连接结构，主轴系统采用自动平衡装置。

（六）超高速机床的设计制造技术

超高速切削机床是实现先进切削工艺、获得高效加工效益的载体。超高速切削工作在一种极端的工况下，其稳定性受到多种复杂因素的挑战。机床—刀具—工件—夹具组成一个多自由度的动态系统，受到多因素的干扰与激励，如切削热、驱动系统和运动摩擦产生的热，动态切削力可能引发的切削颤振等往往使机床偏离稳定状态，直接影响加工质量、刀具寿命和机床安全。

为了保证在高速下的高精度，主轴的动平衡、整机的抗振设计、机床温度场乃至环境温度的精密控制，都追求达到尽善尽美的地步。超高速机床必须依靠机床动力学、转子动力学、轴承与摩擦润滑、热变形理论、故障诊断、控制理论等基础性研究，对其动静热特性进行科学设计计算和试验，才能支撑其整机设计技术和产业化技术。

机床由众多的构件（零部件）和相对柔性的结合面组成，结合面可分为固定结合面（如过盈配合或过渡配合面、螺栓连接等）和运动结合面（如移动副导轨、回转副关节等）。结合面的物理参数对制造装备整机的动静热特性影响非常大，是承载力激发振动的放大器，是驱动动力发热、运动部件摩擦发热、切削发热的传递环节。结合面与整机的动静热特性和整机性能密切相关，如由于振动的传递性，容易在高速加工过程中使整机产生频率较高的强烈振动。机床的低频振动使刀具与工件之间产生相对的低频颤振，工艺系统的振动会破坏刀具和工件之间正常的加工轨迹，降低工件表面质量和生产效率，缩短刀具、机床的使用寿命。

三、高速切削对机床的特殊要求

高速切削机床是实现高速加工的前提和基本条件，高速机床一般都是数控机床和精密机床。高速机床与普通数控机床的最大区别在于高速机床要能够提供很高的切削速度和加速度，并能够满足高速加工要求的一系列较为特殊的要求。高速加工对机床提出的要求主要有以下几点。

（一）主轴转速高，输出功率大

高速切削不但要求机床主轴转速高，而且要求主轴能够传递足够大的功率和扭矩，以满足高速铣削、高速车削等高效、重负荷切削工序的要求。高速切削机床主轴转速为常规机床的10倍左右，一般都大于10 000r/min，有的高达60 000～100 000r/min。主电动机的功率为15～80kW。

（二）进给速度高

为了保证工件的加工精度和表面质量，需要保持刀具每齿进给量不变。在主轴转速大幅度提高以后，进给速度也必须大幅度地提高。高速切削机床的进给速度也为常规机床的10倍左右，一般在60m/min以上。

（三）主轴转速和进给速度的加速度高

零件加工的工作行程都不长，一般为几毫米到几十毫米，而在进给速度变化过程中不能进行零件加工，所以不允许有太长的加速和减速过程。因此在高速机床上，无论是主轴还是工作台，往往要在瞬间完成速度的提升或降低，这就要求高速运动部件有极大的加速度。高速切削机床的主轴从启动到达到最高转速或从最高转速降到零要在1～2s内完成，工作台的加、减速度由常规的0.1g～0.2g提高到1g～8g。

（四）机床的静、动态特性好

高速切削时，机床各运动部件之间做速度很高的相对运动，运动副结合面之间将发生急剧的摩擦和发热情况，高的运动加速度也会对机床产生巨大的冲击，因此在机床设计时，必须在结构和传动上采取一些特殊措施，使高速机床的结构除具有足够的静刚度以外，还具有很高的动刚度和热刚度。

（五）机床的其他功能部件性能高

高速机床需要与之匹配的快速运动部件，这样才能充分发挥高的效率，如快速刀具交换、快速工作台交换以及快速排屑等装置。同时由于切削速度过高，需要采取一定的安全保护、检测措施等。

为满足高速切削加工要求，电主轴应运而生。所谓电主轴是将电动机与主轴合二为一，使传动链为"零"，故又称"零传动"或直接电动机驱动。

要将电主轴可靠地应用于机床结构上，还必须解决高速轴承、高速电动机的动平衡、润滑、冷却、内置脉冲编码器（车螺纹等相位控制）高频变频装置、高速条件下的刀具装卡方式等技术问题，电主轴也是一个多学科集成、融合的创新产物。

第二节　特种加工技术

特种加工技术是先进制造技术的重要组成部分。由于其加工机理的特殊性，在国民经济的众多制造领域中发挥着极其重要和不可替代的作用。在航空航天、军工、高新技术战略武器、能源、汽车、模具、电子、冶金、交通等应用领域中解决了大量传统机械加工难以解决的关键的、特殊的加工难题，其发展状况影响着我国的综合国力及国防实力的提高。

一、特种加工的定义

特种加工是一种非传统加工方法，是除常规切削、磨削加工以外的一些加工工艺方法的统称，材料成形不是直接利用机械能（切削力），而是主要利用光、电、声、热、化学、磁以及原子能等其他形式的能量进行加工的方法。特种加工与传统加工（切削、磨削）有明显区别。

（1）不是主要依靠机械能，而是利用其他形式的能量去除材料。

（2）工具的硬度可以低于被加工材料的硬度。

（3）加工过程中不存在显著机械力的作用，适合于低刚度零件精密加工。

（4）加工形状复杂，特别适合于工件型腔、大型和微细零件加工，热变形小。

由于具有上述特点，特种加工技术可以加工任何硬度、强度、韧度、脆性的金属、非金属材料。

二、特种加工的产生及发展

传统的机械加工已有很久的历史，它对人类和物质文明发展起到了极大的作用。例如，18世纪70年代就发明了蒸汽机，但苦于制造不出有配合要求、高精度的蒸汽机汽缸，无法推广应用。直到有人制造出和改进了汽缸镗床，解决了蒸汽机主要部件的加工工艺，才使蒸汽机获得广泛应用，引起世界性的第一次产业革命。这一事实充分说明了，加工方法对新产品的研制、推广和社会经济等起着多么重大的作用。

但是从第一次产业革命以来，一直到第二次世界大战以前，在这段长达150多年都靠机械切削加工的漫长年代里，并没有产生特种加工的迫切要求，也没有发展特种加工的充分条件，人们的思想一直还局限在自古以来传统的用机械能量和切削力来除去多余的金属，以达到加工要求这一框框之内。

直到1943年，苏联鲍·洛·拉扎林柯夫妇研究开关触点遭受火花放电腐蚀损坏的有害现象和原因，发现电火花的瞬时高温可使局部的金属熔化、气化而被蚀除掉，开创和发明了变有害的电蚀为有用的电火花的加工方法。

第二次世界大战后，特别是进入20世纪50年代以来，随着产生发展和科学实验的需要，很多工业部门，尤其是国防工业部门，要求尖端科学技术产品向高精度、高速度、高温、高压、大功率、小型化等方向发展，它们所使用的材料愈来愈难加工，零件形状愈来愈复杂，加工精度、表面粗糙度和某些特殊要求也愈来愈高，对制造部门提出了新的要求，如：解决各种难切削材料的加工问题；解决各种特殊复杂表面的加工问题；解决各种超精、光整或具有特殊要求的零件的加工问题等。要解决上述一系列工艺问题，仅仅依靠传统的切削加工方法很难实现，甚至无法实现，为此，人们相继探索、研究新的加工方法。特种加工就是在这种前提条件下产生和发展起来的。

切削加工的本质和特点是：一是靠刀具材料比工件更硬；二是靠机械能把工件上多余的材料切除。一般情况下这是行之有效的方法，但是，当工件的材料愈来愈硬，加工表面愈来愈复杂时，原来行之有效的方法转化为限制生产率和影响加工质量的不利因素。于是人们开始探索用软的工具加工硬的材料，不仅用机械能而且还采用电、化学、光、声等能量来进行加工。到目前为止，已经找到了多种这一类的加工方法。为区别于现有的金属切削加工，这类新加工方法统称为特种加工，国外称为非传统加工或非常规机械加工。特种加工可以加工任何硬质、强度、韧性、脆性的金属或非金属材料，且专长于加工复杂、微细表面和低刚度零件，同时，有些方法还可用于进行超精加工、镜面光整加工和纳米级加工。

我国的特种加工技术起步较早。20世纪50年代中期，我国工厂已设计研制出电火花穿孔机床、电火花表面强化机。但是，由于我国原有的工业基础薄弱，特种加工设备的设计和制造水平以及整体特种加工的技术水平与国际先进水平还有一定差距。

三、特种加工的分类

特种加工的分类还没有明确的规定，一般按能量来源和作用形式以及加工原理可分为表3-1所示的各种加工方法。

表3-1　常用特种加工方法分类表

特种加工方法		能量来源及形式	作用原理	英文缩写
电火花加工	电火花成形加工	电能、热能	熔化、气化	EDM
	电火花线切割加工	电能、热能	熔化、气化	WEDM
电化学加工	电解加工	电化学能	金属离子阳极溶解	ECM
	电解磨削	电化学、机械能	阳极溶解、磨削	EGM
	电解研磨	电化学、机械能	阳极溶解、研磨	ECH
	电铸	电化学能	金属离子阳极沉积	EFM
	涂镀	电化学能	金属离子阳极沉积	EPM
激光加工	激光切割、打孔	光能、热能	熔化、气化	LBM
	激光打标记	光能、热能	熔化、气化	LBM
	激光处理、表面改性	光能、热能	熔化、相交	LBT
电子束加工	切割、打孔、焊接	电能、热能	熔化、气化	RBM
离子束加工	蚀刻、镀覆、注入	电能、动能	原子撞击	IBM

续表

特种加工方法		能量来源及形式	作用原理	英文缩写
等离子弧加工	切割（喷镀）	电能、热能	熔化、气化	PAM
超声加工	切割、打孔、雕刻	声能、机械能	磨料高频撞击	USM
化学加工	化学铣削	化学能	腐蚀	CHM
	化学抛光	化学能	腐蚀	CHP
	光刻	光、化学能	光化学腐蚀	PCM
快速成型	液相固化法	光、化学能	增材法加工	SL
	粉末烧结法	光、热能		SLS
	纸片叠层法	光、机械能		LOM
	熔丝堆积法	光、热、机械能		FDM

在发展过程中也形成了某些介于常规机械加工和特种加工工艺之间的过渡性工艺。例如，在切削过程中引入超声振动或低频振动切削，在切削过程中通以低电压、大电流的导电切削、加热切削以及低温切削等，这些加工方法是在切削加工的基础上发展起来的，目的是改善切削的条件，基本上还属于切削加工。

在特种加工范围内还有一些属于减小表面粗糙度或改善表面性能的工艺，前者如电解抛光、化学抛光、离子束抛光等，后者如电火花表面强化、镀覆、刻字，激光表面处理、改善性，电子束曝光，离子镀、离子束注入掺杂等。

随着半导体大规模集成电路生产发展的需要，上述提到的电子束、离子束加工就是近年来提出的超精微加工，即所谓原子、分子单位的纳米加工方法。

此外，还有一些不属于尺寸加工的特种加工，如液中放电成形加工、电磁成形加工、爆炸成形加工及放电烧结等。

第三节　水喷射加工

几千年来，成语"滴水石穿"体现了在人们眼中秉性柔弱的水本身潜在的威力，能够以柔克刚。然而，作为一项独立而完整的加工技术，高压水喷射加工的产生是最近几十年的事。利用高压水为生产服务始于19世纪70年代左右，用来开采金矿、剥落树皮。20世纪50年代，高压水喷射切割源于苏联，但第一项切割技术专利却在美国产生，即1968年由美国密苏里大学教授诺曼·弗兰兹博士获得。在最近十多年里，水喷射切割技术和设备有了长足进步，并逐步应用到工业生产中。

一、基本原理

水喷射加工是利用从喷嘴中高速喷出的水流的冲击力破碎和去除工件材料的特种加工。包括供水器、蓄能器、控制器、阀、喷嘴、过滤器、泵、液压装置、增压器、排水器。

水喷射加工在20世纪50年代末开始应用，它是利用压力为200～400MPa（最高可达1 500MPa）的高压水，从孔径为0.05～0.4mm的蓝宝石或金刚石喷嘴孔中以每秒数百米至一千米以上的高速喷出，形成一股高能量密度（流速的功率密度达10^6W/mm^2）的射流冲击工件，代替金属刀具作精密加工或切割，使材料破碎而去除，"切屑"进入液流排出。人们把它称为"水刀"。

水喷射加工主要用于切割各种非金属材料，如塑料、橡胶、石棉、石墨、木材、胶合板、石膏、水泥、皮革和纸板等。切割厚度为几毫米至几十毫米，取决于使用的喷射压力和材料的性质。

根据不同需要，高压水喷射加工有以下三种形式。

（1）纯水射流。只用水作介质，可切割软材料，如纸张、橡胶、塑料、毛毯、玻璃钢、石棉板、木材和纤维制品等，但切割力较小。

（2）磨料水射流。向水中加入固体磨料颗粒，常用60～100目的石榴石、石英砂和氧化铝等，可成倍提高切割力，几乎可切割所有的硬质材料，如金属、非金属、金属基及陶瓷基复合材料等，是应用最广的射流切割方法。

（3）聚合物水射流。向水中加入少量高分子长链聚合物，如聚乙烯酰胺等，可提高射流密集度及射程，能切割较软或稍硬材料。

水液体喷射切割的主要特点如下。

①切缝小，一般为0.08～0.4mm。

②切割速度高，如切割厚度为6.4mm胶合板的切割速度达1.7m/s。

③切屑被液体带走，不致粉尘飞扬，因而能避免环境污染。液体喷射还可用于穿孔、切割薄金属材料、金属零件去毛刺和表面清理等。

④加工时对材料无热影响，工件不会产生热变形和热损伤，对加工热敏感材料尤为有利。

⑤可由计算机控制，实现CAD/CAM一体化。

二、材料去除速度和加工精度

切割速度主要由工件材料决定，并与所用的功率大小成正比，和材料的厚度成反比。不同材料的切割速度见表3-2所示。

表3-2　某些材料水射流加工的切割速度

材料	厚度/mm	喷嘴直径/mm	压力/MPa	切削速度（μm/s）
吸声板	19	0.25	310	1.25
玻璃钢板	3.55	0.25	412	0.002 5
环氧树脂石墨	6.9	0.35	412	0.027 5
皮革	4.45	0.05	303	0.009 1
胶质（化学）玻璃	10	0.38	412	0.07
聚碳酸酯	5	0.38	412	0.10
聚乙烯	2	0.05	286	0.009 2

切割加工精度主要受喷嘴轨迹机床精度的影响，切缝比所用喷嘴孔径大0.025mm。加工复合材料时，采用的射流速度要高，喷嘴直径要小，并具有小的

前角，压射距离小。喷嘴越小，加工精度越高，但材料去除速度降低。切边质量受到材料性质的影响很大，塑性好的材料可以切割出高质量的切边。液压过低会降低切边质量，尤其对复合材料，容易引起工件表面起鳞。进给速度低可以改善切割质量。

水中加入添加剂（丙三醇、聚乙烯、长链形聚合物）能改善切割性能和减少切割宽度。另外，压射距离对切口斜度的影响很大，压射距离愈小，切口斜度也愈小。高能量密度的射流束将引起温度的升高，进给速度低时有可能使某些塑料熔化，但温度不会高到影响纸质材料的切割。

三、设备

水射流加工设备和元件，主要是要能够承受的系统压力达到 400 ~ 8 000MPa，液压系统通过小的柱塞泵使液体增压到 1 500 ~ 4 000MPa。增压后的水，通过内外径之比达 5 ~ 10 的不锈钢管道和特殊的管道配件，再经过针形阀通过喷嘴进行加工。喷口直径为 0.05 ~ 0.4mm 的喷嘴，喷射时会产生一股长达 30 ~ 40mm 的聚合射流。

把高压液体转变成高速射流的喷嘴，对设计者提出了苛刻的要求。为了使侵蚀最小，喷嘴材料应是耐腐蚀的，同时为了有光滑的轮廓结构，材料还应具有一定的韧性和易于机械加工。常常利用黏结的金刚石或蓝宝石做成喷嘴，并可把它们放进钢套里作为镶嵌件使用，以满足强度和韧性的综合需要。金刚石、碳化钨和特种钢，也已经成功地用于制造优质的喷嘴。

四、实际应用

水喷射加工的液体流束直径为0.05~0.38mm，可以加工很薄、很软的金属和非金属材料，例如，铜、铝、铅、塑料、木材、橡胶、纸等七八十种材料和纸品。水喷射加工可以代替硬质合金切槽刀具，而且切边的质量很好。所加工的材料厚度少则几毫米，多则几百毫米，例如，切割19mm厚的吸声天花板，采用的水压为310MPa，切割速度为76m/min；玻璃绝缘材料可加工到125mm厚。由于加工的切缝较窄，可节约材料和降低加工成本。

由于加工温度较低，因而可以加工木板和纸品，还能在一些化学加工的零件保护层表面画线。

第四节　超声波加工

玻璃、陶瓷脆弱得一击就碎，宝石、金刚石强硬得很难加工。可是有一种机器却能在玻璃上打出大小不同的孔来，能将金刚石做成各种形状的零件，这种机床就是超声波加工机。

早在1927年，美国物理学家伍德和卢米斯就做了超声加工试验，利用强烈的超声振动对玻璃板进行雕刻和快速钻孔，但当时并未应用在工业上。1951年，美国的科恩制成第一台实用的超声加工机。

超声加工有时也称超声波加工。电火花和电化学加工都只能加工金属导电材料。然而，超声波加工不仅能加工硬质合金、淬火钢等脆硬金属材料，而且更适合于加工玻璃、陶瓷、半导体锗、硅片等不导电的非金属脆硬材料，同时还可以应用于清洗、焊接、探伤、测量、冶金等其他方面。

一、超声波加工的基本原理

人听到声音的音调高低，是由声音的频率决定的。频率越高，音调也越高，当频率高到16kHz以上时，人就听不到了。通常把人耳听不到的高频声波称为超声，"超声波"这个术语是描述高于人耳听觉频率上限的一种振动波，它通常是指频率高于16kHz以上的所有频率。超声波的上限频率范围主要是取决于发生器，实际用的最高频率的界限，是在5 000MHz的范围以内。在不同介质中的波长范围非常广阔，例如，在固体介质中传播时，频率为25kHz的波长约为200mm，而频率为500MHz时的波长约为0.008mm。

超声波加工是利用工具端面作超声振动，工具将超声波的能量传递给磨料，使磨料对被加工工件进行不断的磨削来实现的。加工时，工具轻轻压在工件上，在工具和工件之间加入磨料和水或煤油等液体的悬浮液，当超声换能器产生频率为16 000MHz以上的超声波轴向振动时，通过变幅杆将振幅放大到0.05～0.1mm，驱动工具端面做轴向超声振动，由于超声波振动的次数多、能量大，磨粒又细，就像用细小的锉刀以很高的速度进行精雕细琢一样，因此，加工硬而脆的零件既精确又非常光洁。

二、超声波加工设备机

超声波加工设备又称超声波加工装置，其组成一般包括三部分。

（1）超声发生器将50Hz的交流电转换为有一定功率的超声频率振荡（超声电能）输出，通常为16～25kHz，以供给工具端面超声振动和去除被加工材料的能量。

（2）超声换能振动装置器（超声换能器）把超声发生器输出的超声频电振荡转换，并放大成具有一定振幅的机械振动。超声振动系统由换能器和变幅杆组成，变幅杆起着放大振幅和聚能的作用。

（3）机床本体，一般有立式和卧式两种类型，超声振动系统则相应地垂直放置和水平放置。

超声波加工机床一般比较简单，包括支撑声学部件的机架及工作台，使工具以一定压力作用在工件上的进给机构以及床体等部分。

三、超声波加工工艺

加工速度是指单位时间内去除的工件材料量，以g/min、mm³/min表示。其影响因素有工具振动频率、振幅；工具与工件之间的静压力，工具与工件材料；加工尺寸、深度；磨料种类和粒度；工作液的磨料含量等。加工速度最大可达2 000～4 000mm³/min。

（1）工具的振幅和频率。一般振幅在0.01～0.1mm，频率在16～25kHz，应将频率调至共振频率，以便获得最大振幅。振幅过大、频率过高会使工具和变幅杆承受内应力增大，超过疲劳强度，降低使用寿命，增大工具消耗。

（2）进给压力超声加工时，工具与工件之间应有合适的静压力。静压力主要影响加工间隙，静压力过大使加工间隙减小，不利于工作液的更新和补充；静压力过小使加工间隙增大，减弱了磨料对工件的打击力度，两者都会降低生产率。

（3）磨料的种类和粒度。磨料的硬度高，加工速度快；磨料的粒度小（磨粒大），加工速度快。一般加工金刚石、宝石时，可用金刚石磨料；加工硬质合金、淬火钢时，可用碳化硼、碳化硅磨料；加工玻璃、石英、半导体等材料可用刚玉类磨料，原则上是被加工材料越硬脆，磨料硬度应越高。

（4）被加工材料越脆，受冲击载荷能力越低，越易被超声去除加工。若以玻璃的加工生产率为100%，则锗、硅半导体单晶为200%～250%、石英为50%、硬质合金为2%～3%、淬火钢为1%、普通钢<1%。

（5）工作液磨料含量。工作液中的磨料太少，会造成加工区磨料少，甚至局部无磨料情况，使加工速度下降。工作液磨料含量增加会使加工速度增加，但含量太高，会使加工间隙的工作液循环受阻，影响磨料的打击作用，导致加工速度下降。通常所用磨料与水的比例为0.5∶1。

四、超声加工的应用

超声和普通声音有很多相似的性质，但由于频率非常高，人们听不到，它更像一位无声的功臣，广泛服务于各个领域。超声加工的应用范围很广，可归纳为以下几个方面。

（1）超声成形加工。超声加工可用来加工各种导体、半导体、非导体材料，金属和非金属材料，如玻璃、石英、宝石、锗、硅、淬火钢、硬质合金、陶瓷，也可进行各种冲模、拉丝模、塑料模的型孔、型腔加工和超声抛光光整加工、半导体材料切割加工以及超声旋转圆孔加工等。

（2）超声旋转加工。超声旋转加工是在加工时，工具做高速旋转运动，工具多用聚晶金刚石或电镀金刚石。由于有了工具旋转，增加了磨料的旋转刻化作用，增加了表面裂纹而易于加工，提高了加工速度和加工精度，加大了加工深度，便于加工深小孔或细长棒的套料加工。超声旋转加工可进行转削、铣削和磨削加工，扩大了加工范围。

（3）超声清洗。超声振动会在液体中产生交变冲击波和空化作用。当超声波在液体中传播时，液体分子的往复高频振动会产生正负交变的冲击波，声强达到一定值时，液体中急剧增长因空化产生的微小气泡，并瞬时强烈闭合，产生的微冲击波使被清洗零件表面的污物从被清洗表面脱离。由于空化微小气泡数量极多，能钻到各个角落，因此能将窄缝、细小深孔、弯孔、槽等处污物清洗干净，有很好的清洗效果和很高的清洗效率。

常用的清洗液有水、汽油、煤油、酒精、丙酮等，视被清洗物而定。

超声清洗常用来清洗喷丝板、手表整体机芯、喷油嘴、微型齿轮、微型轴承、印刷线路板、集成电路芯片、微电子器件等。

（4）超声焊接。原理是利用超声振动去除工件表面的氧化膜，露出本体，在表面分子高速振动撞击下，摩擦发热，使两个被焊工件表面产生亲和作用而黏结在一起。

超声焊接可焊接某些金属，特别是表面易生成氧化膜的铝材，包括相同金属和不相同的成对金属，如铝—铜、铁—铜、铁—钼等；还可焊接尼龙、塑料等；并可在非金属表面上挂接一些金属，涂敷熔化金属薄层，如在陶瓷表面上挂锡、银等。

超声焊接有以下优点：

①焊接时无需加热，对焊接件本身的理化性质影响很小；

②焊接时无电弧、火焰产生，无需焊剂，故不会产生飞溅、污染、渗透等现象，使焊接件表面洁净美观，保持其纯洁度；

③焊接时不通过电流，不会发生熔化而烧毁焊件；

④焊接速度快，生产率高。

（5）超声的其他应用。①超声探伤，利用超声振动可探测零件内部的裂纹等缺陷；②超声测距，利用超声波的定向发射、反射特性测量零件内腔的深度和厚度；③超声体检，利用超声波进行人体脏器检查。

第五节　激光加工

高能密度束流加工方法主要是激光加工、电子束加工、离子束加工等。高能密度束流加工的共同特点：

（1）加工速度快，热流输入少，对工件热影响极小，工件变形小；

（2）束流能够聚焦且有极高的能量密度，激光加工、电子束加工可使任何坚硬、难熔的材料在瞬间熔融气化，而离子束加工是以极大能量撞击零件表面，使材料变形、分离、破坏；

（3）工具与工件不接触，无工具变形及损耗问题；

（4）束流控制方便，易实现加工过程自动化。

一、激光加工

（一）加工原理

当高功率密度的激光束照射到工件上时，会使材料发生温度升高、加热、熔化、气化等现象。利用激光束可以对钢板等金属材料以及塑料和其他各种材料进行穿孔、切割和焊接等形式的特种加工，英文简称LBM。

从激光器输出的高强度激光经过透镜聚焦到工件上，其焦点处的功率密度高达$10^7 \sim 10^{12} \text{W/cm}^2$，温度高达1万摄氏度以上，任何材料都会瞬时熔化、气化。通常用于加工的激光器主要是固体激光器和气体激光器。使用二氧化碳气体激光器切割时，一般在光束出口处装有喷嘴，用于喷吹氧、氮等辅助气体，以提高切割速度和切口质量。

早期的激光加工由于功率较小，大多用于打小孔和微型焊接。到20世纪70年代，随着大功率二氧化碳激光器、高重复频率钇铝石榴石激光器的出现，以及对激光加工机理和工艺的深入研究，激光加工技术有了很大进展，使用范围随之扩大。数千瓦的激光加工机已用于各种材料的高速切割、深熔焊接和材料热处理等方面。各种专用的激光加工设备竞相出现，并与光电跟踪、计算机数字控制、工业机器人等技术相结合，大大提高和改善了激光加工机的自动化水平和使用功能。

（二）激光加工的特点和应用激光加工的特点

（1）激光束能聚焦成极小的光点（达微米数量级），适合于微细加工（如微孔和小孔等）。

（2）激光加工的功率密度高，可高达$10^8 \sim 10^{10} \text{W/cm}^2$，可加工坚硬高熔点材料如钨、钼、钛、淬火钢、硬质合金、耐热合金、宝石、金刚石、玻璃和陶瓷等。

（3）激光加工所用工具是激光束，为非接触加工，无明显的机械力和工具损耗；加工速度快，加热影响区域小，易于实现加工过程的自动化。

（4）加工速度极快，对工件材料的热影响小。

（5）可在空气、惰性气体和真空中进行加工，并可通过光学透明介质进行加工。

（6）生产效率高，例如，打孔速度可达每秒10个孔以上，对于几毫米厚的金属板材切割速度可达每分钟几米。

（7）加工过程中产生的金属气体及火星等飞溅物必须及时抽走，操作者应戴防护眼镜。激光加工主要用于穿孔、切割、划片、焊接、微调和动平衡校正等方面。穿孔加工主要是加工小孔，孔径范围一般为0.01～1mm，最小孔径可达0.001mm，可用于加工钟表宝石轴承孔、金刚石拉丝模孔、发动机喷嘴小孔等。切割的应用范围也很广，不仅用于多种难加工金属材料的切割或板材的成形切割，而且大量用于非金属材料的切制，如塑料、橡胶、皮革、有机玻璃、石棉、木材、胶合板、玻璃钢、布料、人造纤维和纸板等。切割的优点是速度快、切缝窄（0.1～0.5mm）、切口平整、无噪声。划片的应用主要是在集成电路制造中分割制成的晶片。此外，激光快速微量去除材料的这一特点，还可用于薄膜和厚膜电阻微调、乐器簧片调谐、旋转体（如透平叶轮、陀螺仪、微电机和钟表摆轮等）的动平衡校正等。激光加工还用于画线、刻标记、材料表面热处理和材料沉积等。

二、电子束加工

（一）电子束的热效应及其加工原理

电子束加工原理如下：电子束加工是利用电子束的高能量密度进行打孔、切槽、光刻、焊接、淬火等工作。

电子是一种非常小的粒子（半径为 2.8×10^{-12}mm），质量很小（ 9×10^{-29}g），但其能量很高，可达几千电子伏（eV）。电子束可以聚焦到直径为 $1 \sim 2\mu m$，因此有很高的能量密度，可达 $10^9 W/cm^2$。高速高能量密度的电子束冲击到工件材料上时，在几分之一微秒的瞬时，入射电子与原子相互作用（碰撞），在发生能量变换的同时，有些电子向材料内部深入，有些电子发生弹性碰撞被反射出去，成为反射电子，占用了一部分能量，但可以认为几乎所有的能量都变成了热能。由于电子束的能量密度高、作用时间短，所产生的热能来不及传导扩散就将工件被冲击部分局部熔化、气化、蒸发成为雾状粒子而飞散，这就是电子束的热效应。电子束加工就是靠电子束的热效应现象。高能电子束具有很强的穿透能力，穿透深度为几微米甚至几十微米，如工作电压为 50kV 时，加工铝的穿透深度为 $10\mu m$，而且以热的形式传输到相当大的区域。

（二）电子束加工装置

电子束加工装置主要由电子枪、真空系统、控制系统和电源等组成。

（1）电子枪。电子枪是获得电子束的装置，包括电子发射阴极、控制栅极和加速阳极等。阴极经电流加热发射电子，带负电荷的电子高速飞向高电位阳极的过程中，经过加速极加速，又通过电磁透镜把电子束聚焦成很小的束斑。

发射阴极一般用钨或钽做成块状阴极。控制栅极为中间有孔的圆筒形，其上加以较阴极为负的偏压，既能控制电子束的强弱，又有初步的聚焦作用。加速阳极通常接地，而阴极带有很高的负电压，所以能驱使电子加速。

（2）真空系统。真空系统是为了保证在电子束加工时维持 $1.33 \times 10^{-4} \sim 1.33 \times 10^{-2} Pa$ 的真空度。因为只有在高真空度中，电子才能高速运动。此外，加工时的金属蒸气会影响电子发射，产生不稳定现象，因此，也需要不断地把加工中产生的金属蒸气抽出去。

（3）控制系统和电源。电子束加工装置的控制部分包括束流聚焦控制、位置控制、强度控制及工作位移控制等。

电子束加工装置对电源的稳定性要求较高，常用稳压设备，这是因为电子束聚焦及阴极的发射强度均与电压波动有密切关系。

（三）电子束加工的特点及应用

（1）束径小，能量密度高。电子束能够极其微细地聚焦，束径可达100～0.01 μm 范围。同时，最小束径的电子束长度可达其束径的几十倍，故能适于深孔加工。

（2）被加工对象范围广。电子束加工是靠热效应和化学效应进行加工，热影响范围可以很小，又是在真空中进行，加工处化学纯度高，故适于加工各种硬、脆、韧性金属和非金属材料、热敏材料、易氧化金属及合金、高纯度半导体材料等。

（3）加工速度快、效率高。

（4）控制性能好，易于实现自动化。可通过磁场或电场对电子束的强度、束径、位置进行迅速准确控制，且自动化程度高。电子束加工的应用范围很广，可用来打各种孔（圆孔、异形孔、盲孔、锥孔、弯孔）及狭缝等；还可进行切槽、焊接、光刻、表面改性等，它既是一种精密加工方法，又是一种重要的微细加工方法。近年来，出现了多脉冲电子束照射等技术，使电子束加工有了更进一步的发展。

三、离子束加工

（一）离子束加工原理和物理基础

离子束加工的原理与电子束加工原理基本类似，即在真空条件下，将离子源（离子枪）产生的离子经加速聚焦形成高能的离子束流投射到工件表面，使材料变形、破碎、分离以达到加工的目的。

离子束加工的物理基础是离子束射到材料表面时所产生的撞击效应、溅射效应和注入效应。具有一定动能的离子斜射到工件表面时，可以将表面的原子撞击出来，这就是离子的撞击效应和溅射效应。

如果将工件直接作为离子轰击的靶材，工件表面就会受到离子刻蚀，也称离子铣削；如果将工件放置在靶材附近，靶材原子就会溅射到工件表面而被溅射沉积吸附，使工件表面镀上一层靶材原子薄膜；如果离子能量足够大并垂直工件表面撞击时，离子就会钻进工件表面，这就是离子的注入效应。

（二）离子束加工装置

离子束加工装置与电子束加工装置类似，包括离子源、真空系统、控制系统和电源等，不同部分是离子源。

离子源又称离子枪，其作用是产生离子束流。基本工作原理是将要电离的气态原子注入电离室，然后使该气体原子经过高频放电、电弧放电、等离子体放电或电子轰击被电离为等离子体，然后在电场作用下，将正离子从离子源出口孔"引出"而形成离子束。根据离子产生的方式和用途的不同，离子源有很多种形式，常用的有考夫曼型离子源和双等离子管型离子源两种。

（1）考夫曼型离子源。它由灼热灯丝发射电子，在阳极的作用下向下方移动，同时受线圈磁场的偏转作用做螺旋运动前进。惰性气体氩气在注入口注入电离室，在电子的撞击下被电离成等离子体。

（2）双等离子管型离子源。它是利用阴极和阳极之间低气压直流电弧放电，将氩、氮等惰性气体在阳极小孔上方的低真空中等离子体化，中间电极电位一般比阳极电位低，它和阳极都用软铁制成，在此两个电极之间形成很强的轴向磁场，使电弧放电局限于它们中间，在阳极小孔附近产生强聚焦高密度等离子体。引出电极将正离子导向阳极小孔以下的高真空区，再通过静电透镜形成密度很高的离子束去轰击工件表面。

（三）离子束加工的特点和应用离子束加工特点

（1）易于精确控制。可以聚焦到纳米级的加工精度，离子镀可以控制在亚微米级精度，离子注入也可以精确控制。可以这样说，离子束加工是所有特种加工方法中最精密、最精细的加工方法，是当代纳米级加工（纳米加工）技术的基础。

（2）加工时产生的污染小。由于离子束加工是在真空中进行的，所以污染少。特别适合易氧化的金属、合金材料和高纯度的半导体材料的加工。

（3）加工应力小、形变极小，对材料适应性强。离子束加工是靠离子轰击材料表面的原子来实现的，是一种微观作用，宏观压力很小，所以加工应力、热变形极小。加工质量高，适合于对各种材料和低刚度零件的加工。

（4）离子束加工设备的费用高，成本高，加工效率低。离子束加工的应用范围正在日益扩大，主要的离子束加工方式有：离子刻蚀加工、离子镀膜加工、离子溅射沉积及离子注入加工等。

第六节　光刻蚀加工

集成电路超精细微加工工艺包括光刻、刻蚀、氧化、扩散、掺杂、溅射、CMP等工艺，涉及近百道工序，工艺非常复杂，设备要求极高。其中实现超微图形成像的光刻技术一直是推动IC工艺技术水平发展的核心驱动力。

一、光刻

（一）光刻工艺

光学光刻（Optical Lithography），简称光刻，是一种精密的微细加工技术，光刻是微电子制造过程中最复杂和关键的工艺。光刻是采用波长为2 000～4 500A的紫外光作为图像信息载体，以光致抗蚀剂为中间（图像记录）媒介实现图形的变换、转移和处理，最终把图像信息传递到晶片（主要指硅片）或介质层上的一种工艺。广义上，它包括复印和刻蚀工艺两个方面。首先经曝光系统将预制在掩模上的器件或电路图形按所要求的位置，精确传递到预涂在晶片表面或介质层上的光致抗蚀剂薄层上；然后，利用化学或物理方法，将抗蚀剂薄层未掩蔽的晶片表面或介质层除去，从而在晶片表面或介质层上获得与抗蚀剂薄层图形完全一致的图形。光刻系统主要包括：抗蚀剂、掩模、曝光和对准系统。

通过光刻，将掩模上的图形复制到晶片上需要经过多个工艺步骤，具体步骤如下。

步骤1：晶片预处理

晶片预处理包括晶片的清洗、预烘和底膜涂覆。采用湿法清洗和去离子水清洗去除晶片表面的沾污物，光刻过程中晶片表面上的沾污会影响光刻胶与晶片的黏附性，在显影和刻蚀中将引起光刻胶的漂移，导致底层薄膜的钻蚀。预烘和底膜涂覆用以增强晶片和光刻胶之间的黏附性，典型的烘焙是在传统的充满惰性气体（如氮气）的烘箱或真空烘焙箱中完成，去除吸附在晶片上的大部分水汽。脱水烘焙后立即采用六甲基二铵烷进行成膜处理。

步骤2：旋转涂胶

底膜处理后，晶片要立即采用旋转涂胶的方法涂上液体光刻胶。质量要求：膜厚符合设计要求，膜厚均匀，胶面上看不到干涉花纹；负胶的片内膜厚误差应小于5%，正胶的应小于2%；胶层内无点缺陷；涂层表面没有尘埃碎屑。

步骤3：软烘

软烘的目的是去除光刻胶中的溶剂，提高黏附性，以及晶片上光刻胶的均匀性。典型的软烘条件是在热板上由90℃到100℃烘30s，随后在冷板上降温。

步骤4：对准和曝光

对准和曝光是光刻最关键和最复杂的工序，它直接关系到光刻的分辨率、留膜率、线宽控制和套准精度。掩模与涂胶的晶片上的正确位置对准后，光刻胶曝光，实现掩模图形到光刻胶上图形的复制。对准就是确定晶片上图形的位置、方向和变形的过程，然后利用这些数据建立与掩模的正确关系。对准必须快速、可重复、正确和精确。套刻精度是测量对准系统将图形套刻到晶片上的能力，套刻容差描述要形成的新图形层和已形成前一图形层的最大相对偏移。这个偏移量如果超过许可值，层与层之间图形的连接可靠性就无法得到保证，器件就不能可靠工作。一般而言，套刻容差大约是关键尺寸的四分之一。曝光的目的是在尽可能短的时间内使光刻胶充分感光，在显影后得到尽可能高的留膜率、近似于垂直的光刻胶侧壁和可控的线宽。光学光刻最常用的两种紫外光光源是：汞灯和准分子激光。

步骤5：显影

光刻胶上的可溶解区域被化学显影剂溶解，将掩模上的图形复制到光刻胶上。通常的显影方法是：旋转、喷雾、浸润，然后显影，最后用去离子水冲洗晶片后甩干。光刻显影的目标是在光刻胶中获得准确的掩模图形的复制，同时保证光刻胶黏附性可接受。

步骤6：坚膜（后烘）

坚膜，又称为后烘，其目的是去除显影后光刻胶胶层内残留的溶液，充分的后烘，可提高光刻胶的黏附力和抗蚀性。在一些特殊场合，高温后烘时产生的塑性流动还可以封闭胶层的微小针孔，或者减少衬底的侧向腐蚀。正胶的坚膜烘焙温度为120~140℃，这比软烘的温度要高。

步骤7：刻蚀

将光刻胶上的图形转移到晶片上。

步骤8：去胶

将晶片上的光刻胶除去。去胶后的晶片表面无残胶、残迹，去胶工艺可靠，不损伤下层的衬底表面。去胶的方法很多，目前采用湿法去胶，去胶液是有机或无机试剂，具体的去胶液应根据不同的衬底材料和工艺要求选用。如二氧化硅、氮化硅、多晶硅等衬底材料一般用硫酸中添加过氧化氢，去胶效果好，去胶液可反复多次使用。金属衬底去胶需用专门的有机类去胶剂。氧等离子体去胶技术是一种通用的去胶方法。

步骤9：图形检查

检查确定图形的质量。

（二）光刻加工原理

光刻加工又称光刻蚀加工或刻蚀加工。当前，光刻加工技术主要用于制作集成电路、微型机械等高精度微细线条所构成的高密度复杂图形，是纳米加工的一种重要加工手段。光刻加工的原理近似于照相制版，其关键技术是原版制作、曝光和刻蚀。

（三）下一代光刻技术

在0.1微米之后用于替代光学光刻的下一代光刻技术（NGL），主要包括X射线光刻机（XRL）、电子束投影光刻机（SCALPEL）、电子束直写（EB）、极紫外光刻机（EUVL），由于光学光刻的突破，这几种技术一直处于"候选者"的地位，并形成竞争态势。

二、刻蚀工艺

刻蚀（Etching）是采用物理的、化学的或化学和物理共同作用的方法，有选择性地从基体表面去除不需要的材料的过程（在微电子领域是指有选择地把没有被抗蚀剂掩蔽的那一部分材料去除，从而得到和掩模层完全一致的图形）。整个刻蚀过程包括6个工艺步骤：①生成刻蚀剂；②刻蚀剂输送到待刻蚀材料的表面；③吸附到表面上；④刻蚀剂与被刻蚀材料在表面发生反应；⑤解吸附；⑥扩散（去除生成物）。

刻蚀的主要目的是将掩模上的图形精确地转移到衬底（基底）的表面上，它是实现图形转移的一种主要技术手段。刻蚀通常分为湿法刻蚀和干法刻蚀两大类。它们的区别就在于：湿法刻蚀主要是指利用化学溶液，通过化学反应将不需要的薄膜去除掉的图形转移方法；干法刻蚀则是指利用具有一定能量的离子或者原子通过离子的物理轰击或者化学腐蚀，或者两者的共同作用，实现有选择性地从基体表面去除不需要的材料的方法。根据作用机理的不同，干法刻蚀可以进一步划分为等离子体刻蚀、离子铣、反应离子刻蚀等。

第四章　机械维护与修理的基础

第一节　机械故障和设备事故的概念

一、机械故障及其规律

（一）机械故障的概念

机械故障，是指机械系统（零件、组件、部件或整台设备乃至一系列设备组合）丧失了它被要求的性能和状态。机械发生故障后，其技术指标就会显著改变而达不到规定的要求。机械故障的概念不能简单地理解为物质形态"损坏"，也不能简单地理解为设备不能继续使用。性能下降到设计标准以下和状态老化等原因都会带来机械故障，如原动机功率降低、传动系统失去平衡、噪声增大、温度上升、工作机构能力下降、润滑油的消耗增加等都属于机械故障的范畴。通常见到的发动机发动不起来、机床运转不平稳、设备制动不灵等现象都是机械故障的表现形式。

零件是生产制造的最小单位。在一个基准件上装上若干个零件就构成了套件。在一个基准件上装上若干个零件、套件就构成了组件。在一个基准件上装上若干个零件、套件、组件就构成了部件。机械故障表现在结构上主要是零部件损坏和部件之间相互关系的破坏，如零件的断裂、变形，配合件的间隙增大或过盈丧失，固定和紧固装置松动和失效，等等。零部件损坏需要采用零件修复技术加以修复，部件之间相互关系的破坏需要拆卸机械设备进行调整和修理。

（二）机械故障的类型

机械故障分类的方法主要有以下四种。

1.按引发故障的时间性分类

机械故障按故障发生的时间性可分为渐发性故障、突发性故障和复合型故障。

（1）渐发性故障。渐发性故障是由机械产品参数的劣化过程（磨损、腐蚀、疲劳、老化）逐渐发展而形成的，是通过事前测试或监控可以预测到的故障。设备劣化是指设备在使用或闲置过程中逐渐丧失原有性能，或与新型设备相比性能较差，显得旧式化（相对劣化）的现象。

设备劣化周期图说明了设备管理工作的整体过程。图中横坐标为设备经历的各个生产期，纵坐标为设备表现出的功能水平。当进入设备更新期，设备经过多次修理，实际功能水平低于设计的最低水平时，设备应报废。

渐发性故障的主要特点是故障发生可能性的大小与使用时间的长短有关——使用的时间越长，发生故障的可能性就越大。大部分机器的故障都属于这类故障。这类故障只是在机械设备的有效寿命的后期才明显地表现出来。这种故障一经发生，就标志着机械设备寿命的终结，需要进行大修。由于这种故障是渐发性的，所以它是可以预测的。

（2）突发性故障。突发性故障是由各种不利因素和偶然的外界影响共同作用的结果。这种故障发生的特点是具有偶然性，是通过事前测试或监控不能预测到的故障，但它一般容易排除。这类故障的例子有：因润滑油中断而导致零件产生热变形裂纹，因机械使用不当或出现超负荷现象而引起零件折断，因各参数达到极限值而引起零件变形或断裂，等等。

（3）复合型故障。复合型故障包括了上述两种故障的特征，其故障发生的时间是不确定的，并与设备的状态无关，而设备工作能力耗损过程的速度则与设备工作能力耗损的性能有关。例如，由于零件内部存在着应力集中，当机器受到外界较大冲击后，随着机器的继续使用，就可能逐渐发生裂纹。

2.按故障出现的情况分类

机械故障按故障出现的情况可分为实际（已发生）故障和潜在（可能发生）故障。

（1）实际故障。实际故障是指机械设备丧失了它应有的功能，或参数（特性）超出规定的指标，或根本不能工作，也包括机械加工精度被破坏、传动效率降低、速度达不到标准值，等等。

（2）潜在故障。潜在故障是指对运行中的设备如不采取预防性维修和调整措施，再继续使用到某个时候将会发生的故障。潜在故障和渐发性故障是相互联系的，当故障在逐渐发展，但尚未在功能和特性上表现出来，而同时又接近萌芽的阶段时，即认为也是一种故障现象，并称之为潜在故障。例如：零件在疲劳破坏过程中，其裂纹的深度是逐渐扩展的，同时其深度又是可以探测的；当探测到裂纹扩展的深度已接近允许的临界值时，便认为是存在潜在故障，必须按实际故障一样来处理。探明了机械的潜在故障，就有可能在机械达到功能故障之前排除，这有利于保持机械的完好状态，避免由于发生功能性故障而可能带来的不利后果，在机械使用和维修中具有重要意义。

3.按故障发生的原因或性质不同分类

机械故障按故障发生的原因或性质不同可分为人为故障和自然故障。

（1）人为故障。由于维护和调整不当，违反操作规程或使用了质量不合格的零件材料等，使各部件加速磨损或改变其机械工作性能而引起的故障称为人为故障。这种故障是可以避免的。有资料表明，70%以上的机械故障都与违反操作规程有关。在一些制度不规范、规章不健全的企业，人为故障往往是较常见的。

（2）自然故障。机械在使用过程中，因各零件的自然磨损或物理化学变化而造成零件的变形、断裂、蚀损等，使机件失效而引起的故障，称为自然故障。这种故障虽不可避免，但随着零件设计、制造、使用和修理水平的提高，可使机械有效工作时间大大延长，而使故障较迟发生。

4.按故障的影响程度分类

机械故障按故障影响程度可分为轻微故障、一般故障、严重故障、恶性故障。

（1）轻微故障。轻微故障是指设备略微偏离正常规定指标，设备运行受轻微影响的故障。

（2）一般故障。一般故障是指设备运行质量下降，导致能耗增加、噪声增大的故障。

（3）严重故障。严重故障是指关键设备或整体功能丧失，造成停机或局部停机的故障。

（4）恶性故障。恶性故障是指设备遭受严重破坏造成重大经济损失，甚至危及人身安全或造成环境严重污染的故障。

（三）一般机电设备常见故障

1.动力设备的常见故障

机电设备的动力系统包括动力源、动力机和动力传输系统。常见故障分类及其分析如下。

（1）动力源的常见故障。机电设备的动力源包括电源、气源、热源和燃料供给源。常见故障包括以下三种。

①电源故障。设备的运转离不开电动机及电动机控制元件，当一台设备不能运转时，首先应检查电源——检查主电路的熔丝是否完好，接触器、继电器的触点、接头是否松动以及接触器的线圈是否因过电流引起毁损，再检查设备主控板的其他电器元件的完好情况。

②气源故障。有的设备由于功能需要还有气动源，当气源出现故障时，应检查供气管路是否因过量变形而出现漏气；检查气阀是否能完成其打开、关闭功能，是否因腐蚀磨损而引起阀门失效。

③热源故障。热源零件一般在高温下工作。因此，在温度冷热变化的条件下，应检查热源零件是否出现蠕变松动和高温变形以及高温疲劳失效。

（2）动力机常见故障。动力机包括电动机、汽油机、柴油机、汽轮机等。常见故障包括以下三种。

①电动机故障。如电动机转子的不平衡故障。

②汽、柴油发动机故障。如曲轴连杆的断裂失效故障。

③汽轮机故障。汽轮机的故障大部分都发生在承压件上，如管道、管系和压力容器。

（3）动力传输系统常见故障。脏物积聚在系统低压区（死角），造成循环故障，并对管路造成腐蚀；在压力的作用下，参与系统循环，增加冲蚀作用，破坏防腐保护层，损坏密封，加速水泵和阀门的磨损。

2.机械紧固件的常见故障

紧固件系统的功能是传递载荷，紧固件系统包括螺纹紧固件、铆钉、封闭式紧固件、销紧固件和特殊紧固件。紧固件常见故障部位是头杆的圆角处，螺纹紧固件上螺母内侧的第一个螺纹或杆身到螺纹的过渡处。

3.润滑系统的常见故障

润滑不仅能减少摩擦表面之间的摩擦功耗，同时还能避免滚动和滑动表面的过度磨损。在所有的润滑方式中，都是接触表面被润滑介质隔开，此种介质可以是固体、半固体或加压的液体或气体膜。应注意润滑介质是否缺失或失效。

4.传动系统的常见故障

（1）轴类零件故障。轴类零件一般承受交变载荷，因此失效形式以疲劳断裂为主，有时是由于疲劳裂纹的出现和扩展而引起的脆性断裂，而这些裂纹一般都发生于轴的阶梯部位、沟槽处以及配合部位等应力集中处。在交变载荷的作用下，裂纹的出现和扩展导致轴类零件出现断裂失效。另外，在轴的配合处还可能发生微振磨损，在微振磨损过程中有时产生细微裂纹。

（2）齿轮类零件的故障。齿轮是传递运动和动力的通用基础零件，其类型很多，工况条件复杂多变，失效形式也是多样的。但从发生失效的部位来看，经常是在轮齿部位。

轮齿部位的失效形式主要有轮齿折断、轮齿塑性变形、齿面磨损、齿面疲劳点蚀及其他损伤形式。

（3）其他零件故障。如弹簧、轴承、卡簧、键、密封件等的故障。

（四）一般机械的故障规律

机械在运行中发生故障的可能性随时间而变化的规律称为一般机械的故障规律。

故障规律曲线主要分为三个阶段。第一阶段为早期故障期。在该阶段由于设计、制造、保管、运输等原因造成故障，故障率一般较高，经过运转、磨合、调整，故障率将逐渐下降并趋于稳定。第二阶段为正常运转期，也称为随机故障期。此时设备的零件均未达到使用寿命，不易发生故障，在严格操作、加强维护保养的情况下，故障率很低，这一阶段为机械的有效寿命。第三阶段为耗损故障期。在该阶段由于零部件的磨损、腐蚀以及疲劳等原因造成故障率上升。这时，如加强维护保养、及时更换即将到达寿命周期的零部件，则可使正常运行期延长，但如果维修费过高，则应考虑设备更新。

从设备使用者的角度出发，对于曲线所表示的早期故障率，由于机械在出厂前已经过充分调整，可以认为已基本得到消除，因而可以不必考虑；随机故障通常容易排除，且一般不决定机器的寿命；唯有耗损故障才是影响机械有效寿命的决定因素，因而是主要研究对象。

二、了解事故及其评估方法

机械故障和事故是有差别的。机械故障是指设备丧失了规定的性能；事故是指失去了安全性状态，包括设备损坏和人身伤亡。机械故障强调设备的可靠性，更多的是考虑经济性因素，而事故更强调设备和人身的安全性。

（一）事故分类

事故是指在没有预料的情况下突然发生的故障。事故按起因和后果可分为四类。

1.设备事故

设备事故是指工业企业设备（包括各类生产设备、管道、厂房、建筑物、构筑物、仪器、电信设备或设施）因非正常损坏造成停产或效能降低，直接经济损失超过规定限额的行为或事件。设备事故是设备丧失安全性的状态。凡正式投入生产的设备，不论何种原因造成动力供应中断或设备不能运行通称为设备事故。

2.生产事故

由于操作或工艺问题造成停产，但未损坏设备，则属于生产事故。例如，冶金炉跑铁、跑钢，高炉悬料结瘤，焙烧炉或煤气发生炉结块，等等。此外，生产中造成工具损坏也属于生产事故，如轧机导轨装置损坏、剪刀和锯片崩裂，等等。还有，由于非设备原因造成的动力系统（电、水、压缩空气、氧气、煤气等）供应中断及调节失灵而影响生产，也属于生产事故。

3.安全事故

不论何种原因，凡造成人员伤亡都属于安全事故。

4.质量事故

由各种原因导致产品质量急剧下降，超出正常的废次品率的，称为质量事故。

四种事故类别互相区分而又互有联系，一起事故的类型可能是多种性质的复合型。对设备维修人员来说，最重要的是加强设备事故管理。

凡是正式投入生产的设备，在运转过程中造成整机、零件、构件损坏，使生产系统中断4h以上或造成直接经济损失1万元以上（含1万元）的事件，称为设备事故。设备事故按直接经济损失大小或事故停产时间分为较小设备事故、一般设备事故、重大设备事故和特大设备事故。

（1）较小设备事故。设备事故直接经济损失在1万元以上、30万元以下（不含30万元），或主要生产设备发生事故使生产系统停产4h以上、8h以下。

（2）一般设备事故。设备事故直接经济损失在30万元以上、100万元以下（不含100万元），或主要生产设备发生设备事故使生产系统停产8h以上、24h以下。

（3）重大设备事故。设备事故直接经济损失在100万元以上、1 000万元以下（不含1 000万元），或主要生产设备发生设备事故使生产系统停产24h以上、72h以下。

（4）特大设备事故。设备事故直接经济损失在1 000万元及以上，或主要生产设备发生事故使生产系统停产72h及以上。

（二）设备事故的原因

造成设备事故的原因有以下四方面。

（1）设备方面。设计上，结构不合理，零部件强度、刚度不足，安全系数过小。制造上，零件材质与设计不符，工艺处理达不到要求，有先天缺陷，如：内裂、砂眼、缩孔、夹杂等；加工、安装精度不高等。安装上，基础质量不好，标高、水平不符，中心线不正，间隙调整不当，等等。

（2）设备管理方面。维护不良，润滑不当，未定期检查，故障排除不及时，等等；检修工作不当，未按计划进行检修，磨损、疲劳超过极限；部件更换不及时，修理质量不好，未能恢复原来的安装水平。

（3）生产管理方面。违章操作，超负荷运转，等等。

（4）其他方面。防腐、抗高温等措施不给力，外物碰撞、卡滞等意外原因。

（三）设备事故的预防、处理与考核

1.设备事故的预防

对设备事故的预防要以人为主，通过下列措施达到保证设备安全运行的目的：

（1）选购合格设备；

（2）做好设备的安装、调试和验收；

（3）为设备运行提供合格的环境；

（4）保证设备操作者具有相应的操作资格；

（5）制定规章制度，保证设备正常运行；

（6）做好设备定期维护；

（7）做好设备的日常维护保养；

（8）做好设备运行前后的检查；

（9）吸取事故教训，避免同类事故重复发生；

（10）做好设备的更新改造。

2.设备事故的处理

设备管理，应以预防设备事故为重点，即贯彻预防为主的原则。但是，设备事故是不可能完全避免的，关键是要把设备事故的损失降到最小。因此，设备事故发生后的处理、考核工作是十分重要的。设备事故造成的损失包括修理费（修复所需材料、备件、人工、管理费用等）和减（停）产损失费等。要减小事故损失，应做到以下六点。

（1）由于事故而造成的减产损失要比照原样修复的费用高得多，因此千方百计地减少事故发生后的停产时间，是减少事故损失的关键。

（2）事故发生后，要根据重大事故和一般事故的划分，分别由各级主管部门领导主持对事故原因和责任进行认真分析。切实做到事故原因没有查清不放过，事故责任者不受教育不放过，防止事故措施不落实不放过。要认真总结教训，杜绝类似事故发生。

（3）贯彻既防患于未然、又改进于事后的事故管理原则。克服在事故后只照原样修复、不加改进的消极做法。

（4）不能过分强调防止事故，而采取过激的检查和修理手段。片面提高维修率，会造成维修费用和停产时间的增加。

（5）按规定要求填写报表，并将有关资料存档。对重要设备的重大事故或性质恶劣、情节严重的其他重大设备事故，必须立即报告上级主管部门。

（6）严格执行事故奖惩制度。

3.设备事故的考核

为了对设备事故造成的损失进行统计，以便考核设备管理工作的效果，通常采用以下两种考核办法。

（1）考核企业的重大设备事故次数、一般设备事故次数、事故停产时间、事故损失价值等。这种考核办法的缺点是没有可比性。因各厂矿企业的设备数量、生产规模、年产值等不尽相同，所以用事故次数、停产时间、损失价值三项指标还不能评定企业设备管理工作的效果和水平。

（2）近年来，许多企业都在探讨考核事故率的办法，即用设备事故率和资金事故率来考核。

①考核台时事故率。用事故累积时间与主要设备的台数乘以年日历时间之比。

这种考核办法由于设备台数划分比较复杂，台与台之间差别很大，又不可能把全部设备台数都计算在内，以年日历时间为基础，与企业的实际生产效率、作业率不一致，因此这种办法只适用于单机组考核，而不适用于整个企业。

②考核资金事故率。资金事故率即"千元产值事故损失率"。以事故损失金额与产值比较，作为设备事故考核指标。

第二节　机械故障发生的原因及其对策

一、机械磨损

（一）机械磨损的概念及原因

机器故障最显著的特征是构成机器的各个组合零件或部件间配合的被破坏，如活动连接的间隙、固定连接的过盈等的破坏。这些破坏主要是零件过早磨损的结果，因此研究机器故障应首先研究典型零件及其组合的磨损。

两个相互接触产生相对运动的摩擦表面之间的摩擦将产生阻止机件运动的摩

擦阻力，引起机械能量的消耗，并转化为热量，使机件产生磨损。关于机件在摩擦情况下磨损过程的本质问题至今尚在探讨中。对摩擦、磨损曾有诸多学说，下面仅介绍目前常用的干摩擦"粘着理论"和"分子–机械理论"。

1.粘着理论和分子–机械理论的一些假设

（1）接触表面凹凸不平。两个物体相对运动的接触表面（即摩擦表面）有一定的粗糙度，无论怎样精密细致地加工、研磨、抛光，表面总是会存在凹凸不平。采用不同的加工方法，获得的表面最大粗糙度也不同。

（2）真实接触面积很小。由于零件表面存在着凹凸不平，因此当两个表面接触时，接触区就不是一个理想的平面，而是在微小面积上发生接触。真实接触面积（即在接触区域内，接触各点实际微小面积的总和），远比接触区域或名义接触面积小得多，其比值一般在 $\frac{1}{10} \sim \frac{1}{10^5}$ 范围内。

（3）真实接触面积上的压强很大。真实接触面很小，即使垂直载荷很小的时候，在真实接触面积上也将受到很大的压强。

2.粘着理论

两个接触表面有摩擦时，在接触点产生瞬时高温（达1 000℃以上且可持续千分之几秒的时间），引起两种金属发生"粘着"；当机件间有相对移动时，粘着点将被剪掉，使两金属产生"滑溜"。摩擦的产生就是粘着与滑溜交替进行的结果。当摩擦副表面较粗糙，且两个摩擦表面的硬度不同时，则硬的凸点可嵌入软的表面，在相对运动时，部分表面金属也将被剪掉，这是产生摩擦力的另一个原因。

每当摩擦时，接触点形成的粘着与滑溜不断相互交替，造成表面的损伤，这就是磨损。

3.分子–机械理论

分子–机械理论认为，摩擦副接触是弹性与塑性的混合状态，摩擦表面的真实接触部分在较大的压强作用下，表面凸峰相互啮合，同时相互接触的表面分子也有吸引力。在相对运动时，摩擦过程一方面要克服表面凸峰的相互机械啮合作用，另一方面还要克服分子吸引所产生的阻力的总和。因此，摩擦时，表面的相互机械啮合与分子之间引力的形成和破坏不断交替，就造成了磨损。

（二）机械磨损的类型

机械磨损是多种多样的。但是，为了便于研究，按其发生和发展的共同性，可分为自然磨损和事故磨损。自然磨损是机件在正常的工作条件下，其配合表面不断受到摩擦力的作用，有时由于受周围环境温度或介质的作用，使机件的金属表面逐渐产生的磨损。这种自然磨损是不可避免的正常现象。机件的结构、操作条件、维护修理质量等方面不同，产生的磨损程度也不相同。

事故磨损是由于机器设计和制造中的缺陷，以及不正确的使用、操作、维护、修理等人为的原因，而造成过早的、有时甚至是突然发生的剧烈磨损。机械磨损也可以按磨损的原因分为粘着磨损、磨料磨损、表面疲劳磨损和腐蚀磨损。

1.粘着磨损

按照前面介绍的粘着理论，根据粘着程度的不同，粘着磨损的类型也不同。

（1）轻微磨损。剪切发生在粘着结合面上，表面转移的材料极轻微。

（2）涂抹。剪切发生在软金属浅层里面，转移到硬金属表面上。

（3）擦伤。剪切发生在软金属接近表面的地方，硬表面可能被划伤。

（4）撕脱。剪切发生在摩擦副的一方或两方金属较深的地方。

（5）咬死。摩擦副之间咬死，不能相对运动。

2.磨料磨损

由于一个表面硬的凸起部分和另一表面接触，或者在两个摩擦表面之间存在着硬的颗粒，或者这个颗粒嵌入两个摩擦面的一个面里，在发生相对运动后，使两个表面中某一个面的材料发生位移而造成的磨损称为磨料磨损。在农业、冶金、矿山、建筑、工程和运输等机械中，许多零件与泥沙、矿物、铁屑、灰渣等直接摩擦，都会发生不同形式的磨料磨损。据统计，因磨料磨损而造成的损失，占整个工业范围内磨损损失的50%左右。

磨损产生的条件有很大不同，磨料磨损一般可以分为如下三种类型。

（1）凿削磨料磨损。机械的许多构件直接与灰渣、铁屑、矿石颗粒相接触，这些颗粒的硬度一般都很高，并且具有锐利的棱角，当以一定的压力或冲击力作用到金属表面上时，即从零件表层凿下金属屑，这种磨损形式称为凿削磨料磨损。

（2）碾碎式磨料磨损。当磨料以很大压力作用于金属表面时（如破碎机工作时矿石作用于颚板），在接触点引起很大压应力。这时，对韧性材料则引起变形和疲劳，对脆性材料则引起碎裂和剥落，从而引起表面的损伤。粗大颗粒的磨料进入摩擦副中的情况也与此相类似。零件产生这种磨损的条件是作用在磨料破碎点上的压应力必须大于此磨料的抗压强度，而许多磨料（如砂、石、铁屑）的抗压强度是较高的，因此把这种磨损称为高应力碾碎式磨料磨损。

（3）低应力磨料磨损。磨料以某种速度较自由地运动，并与摩擦表面相接触。磨料摩擦表面的法向作用力甚小，如气（液）流携带磨料在工作表面做相对运动时，零件表面被擦伤，这种磨损称为低应力磨损。例如，烧结机用的抽风机叶轮、矿山用泥浆泵叶轮、高炉大小料钟等的磨损，都属于低应力磨料磨损。

3.表面疲劳磨损

两个接触面做滚动和滑动的复合摩擦时，在循环接触应力的作用下，使材料表面疲劳而产生物质损失的现象称为表面疲劳磨损。例如，滚动轴承的滚动体表面、齿轮轮齿节圆附近、钢轨与轮箍接触表面等，常常出现的小麻点或痘斑状凹坑就是表面疲劳磨损形成的。机件出现疲劳斑点之后，虽然设备可以运行，但是机械的振动和噪声会急剧增加，精度大幅度下降，设备失去原有的工作性能，造成产品生产的质量下降，机件的寿命也迅速缩短。

4.腐蚀磨损

在摩擦过程中，金属同时与周围介质发生化学反应或电化学反应，使腐蚀和摩擦共同作用而导致零件表面物质的损失，这种现象称为腐蚀磨损。

腐蚀磨损可分为氧化磨损和腐蚀介质磨损。大多数金属表面都有一层极薄的氧化膜，若氧化膜是脆性的或氧化速度小于磨损速度，则在摩擦过程中极易被磨掉，然后又产生新的氧化膜且又被磨掉；在氧化膜不断产生和磨掉的过程中，使零件表面产生物质损失，此即为氧化磨损。氧化磨损速度一般较小，当周围介质中存在着腐蚀物质时，如润滑油中的酸度过高等，零件的腐蚀速度就会很快。和氧化磨损一样，腐蚀产物在零件表面生成，又在磨损表面被磨掉，如此反复交替进行而带来比氧化磨损高得多的物质损失，此即为腐蚀介质磨损。

（三）机械磨损的影响因素

影响机械磨损的主要因素有零件材料、工作载荷、运动速度、温度、湿度、环境、润滑、表面加工质量、装配和安装质量、机件结构特点及运动性质等。

1.零件材料对磨损的影响

零件材料的耐磨性主要取决于它的硬度和韧性。硬度决定其表面抵抗变形的能力，但过高的硬度易使脆性增加，使材料表面产生磨粒状剥落；韧性则可防止磨粒的产生，提高其耐磨性能。经过热处理或化学热处理的钢材，可以获得优良的力学性能，提高机件的耐磨性。有时，可用表面火焰淬火或高频感应淬火的方法使材料提高耐磨性，或者采用渗碳、渗氮、碳氮共渗的方法，使钢的表面具有较高的硬度和耐磨性。

在组合机件中，如轴承副中的转轴，由于是需要加工的主要机件，所以应采用耐磨材料（如优质合金钢）来制造；对较简单的机件，如轴承衬或轴瓦，则选用巴氏合金、铜基合金、铅基或铝基合金等较软质材料（又称减摩合金）来制造，以达到减小摩擦和提高耐磨性的目的。

2.机件工作载荷对磨损的影响

一般情况下，单位压力越大，机件磨损越剧烈。除了载荷大小之外，载荷特性对磨损也有直接影响，如是静载荷还是变载荷，有无冲击载荷，是短期载荷还是长期载荷，等等。一般情况下，机件不应长期超负荷运转和承受冲击载荷。

3.机件运动速度对磨损的影响

机件运行时，速度的高低、方向、变速与匀速、正转与反转、时开时停等，都对磨损有不同程度的影响。通常在干摩擦条件下，速度越高，磨损越快；有润滑油时，速度越高，越易形成液体摩擦而减少磨损；机器的起动频率越高，机件的磨损也越快。

4.温度、湿度和环境对磨损的影响

温度主要影响润滑油吸附强度。润滑油膜有相当高的机械稳定性，但温度及化学稳定性较差——在高温和有化学变化时，润滑油便失去吸附性能。

机件工作的周围环境若受到湿气、水汽、煤气、灰尘、铁屑或其他液体、气体的化学腐蚀介质等影响，都将导致和加速机件的氧化和腐蚀磨损。

5.润滑对磨损的影响

润滑对减少机件的磨损有着重要的作用。例如，液体润滑状态能防止粘着磨损，供给摩擦副洁净的润滑油可以防止磨料磨损，正确选择润滑材料能够减轻腐蚀磨损和疲劳磨损，等等。在机件运行良好的润滑摩擦副中保持足够的润滑剂，可以减少摩擦副金属与金属的直接摩擦，降低功率消耗，延长机件使用寿命，保证设备正常运转。

6.零件表面加工质量对磨损的影响

表面加工质量主要指机械加工质量，包括宏观几何形状、表面粗糙度和刀痕方向。

（1）宏观几何形状对磨损的影响。所谓宏观几何形状是指加工后实际形状与理想形状的偏差，即加工精度，如圆度、圆柱度、平行度和垂直度等。宏观几何形状的偏差使零件表面载荷分布不均匀，容易造成局部地方严重磨损。

（2）表面粗糙度对磨损的影响。并非表面粗糙度值越小，磨损越小。由试验得知，在每种载荷下都有一个最合理的表面粗糙度使其磨损量最小；在相同的载荷下，通常表面粗糙度值越小，磨损越小，但超过合理点后磨损又会逐渐上升。这是因为表面过于光洁，使接触表面增大，分子间吸引力增强，因而产生粘着磨损的可能性也就增大。

（3）刀痕方向对磨损的影响。刀痕方向对磨损影响较大。如果两个摩擦表面的刀痕方向是平行的，且与运动方向一致，则磨损较小。如果两个摩擦表面的刀痕方向平行，但与运动方向垂直，则磨损较大。如果刀痕方向与运动方向交叉，则磨损在上述两者之间。

7.装配和安装质量对磨损的影响

机件的装配质量对磨损影响很大，特别是配合间隙不应过大或过小。当间隙过小时，不易形成液体摩擦，容易产生高的摩擦热，而且不利于散热，故易产生粘着磨损和摩擦副咬死现象。当间隙过大时，同样不易形成液体摩擦，而且会产生冲击载荷，加剧磨损。装配好的部件或机器也应正确地安装。如果安装不正确，将会引起载荷分布不均匀或产生附加载荷，使机器运转不灵活，产生噪声和发热，造成机件过早地磨损。

8.机件结构特点及运动性质对磨损的影响

机件结构及运动性质不同，则磨损的情况也不一样。例如，滚动摩擦的磨损远远小于滑动摩擦的磨损，通常滚动摩擦磨损量为滑动摩擦磨损量的$\frac{1}{10} \sim \frac{1}{100}$或更小。

二、机械故障发生的其他原因及对策

（一）零件的变形

机械在工作过程中，由于受力的作用，机械的尺寸或形态发生改变的现象称为变形。零件的变形分弹性变形和塑性变形两种，其中塑性变形易使机件失效。机件变形后，破坏了组装机件的相互关系，因此其使用寿命也会大大缩短。

引起零件变形的主要原因如下。

（1）当外载荷产生的应力超过材料的屈服强度时，零件产生过应力永久变形。

（2）温度升高，金属材料的原子热振动增大，抗切变能力下降，容易产生滑移变形，使材料的屈服强度下降；或零件受热不均，各处温差较大，产生较大的热应力，引起零件变形。

（3）由于残留的内应力，影响零件的静强度和尺寸的稳定性，不仅使零件的弹性极限降低，还会产生减少内应力的塑性变形。

（4）材料内部存在缺陷。

需要指出的是：零件的变形，不一定是在单一因素作用下一次产生的，往往是几种原因共同作用、多次变形累积的结果。

使用中的零件，变形是不可避免的，所以在机械大修时不能只检查配合面的磨损情况，对于相互位置精度也必须认真检查和修复。尤其对第一次大修机械的变形情况要注意检查、修复，因为零件在内应力作用下变形，通常在12~20个月内完成。

（二）断裂

金属的完全破断称为断裂。金属材料在不同的情况下，当局部破断（裂缝）发展到临界裂缝尺寸时，剩余截面所承受的外载荷就因超过其强度极限而导致完全破断。与磨损、变形相比，虽然零件因断裂而失效的概率较小，但是零件的断裂往往会造成严重的机械事故，产生严重的后果。

1.断裂的类型

从不同的角度出发，零件的断裂可以有不同的分类方法，下面介绍其中两种。

（1）按宏观形态分类。按宏观形态断裂可分为韧性断裂和脆性断裂。零件在外加载荷作用下，首先发生弹性变形；当载荷所引起的应力超出弹性极限时，材料发生塑性变形；载荷继续增加，应力超过强度极限时发生断裂，这样的断裂称为韧性断裂。当载荷所引起的应力达到材料的弹性极限或屈服强度以前的断裂称为脆性断裂，其特点是断裂前几乎不产生明显的塑性变形，断裂突然发生。

（2）按载荷性质分类。按载荷性质断裂可分为一次加载断裂和疲劳断裂两种。一次加载断裂是指零件在一次静载作用下，或一次冲击载荷作用下发生的断裂，其包括静拉、压、弯、扭、剪、高温蠕变和冲击断裂。疲劳断裂是指零件在经历反复多次的应力作用后才发生的断裂，其包括拉、压、弯、扭、接触和振动疲劳等。

零件在使用过程中发生断裂，有60%~80%属于疲劳断裂。其特点是断裂时的应力低于材料的抗拉强度或屈服强度。不论是脆性材料还是韧性材料，其疲劳断裂在宏观上均表现为脆性断裂。

2.几种断口形貌

断口是指零件断裂后的自然表面。断口的结构与外貌直接记录了断裂的原因、过程和断裂瞬间各方面的发展情况，是断裂原因分析的"物证"资料。

（1）杯锥状断口。杯锥状断口是断裂前伴随大量大塑性变形的断口，断口的底部裂纹不规则地穿过晶粒，因而呈灰暗色的纤维状或鹅绒状，边缘有剪切唇，断口附近有明显的塑性变形。

（2）脆性断裂断口。其断口平齐光亮，且与正应力相垂直；断口上常有人字纹或放射花样；断口附近截面的收缩很小，一般不超过3%。

（3）疲劳断裂断口。疲劳断裂断口有三个区域：疲劳核心区、疲劳裂纹扩展区和瞬时破断区。

①疲劳核心区。疲劳核心区（疲劳源区）是疲劳裂纹最初形成的地方，用肉眼或低倍放大镜就能大致判断其位置。它一般总是发生在零件的表面，但若材料表面进行了强化或内部有缺陷，也会在表面下或内部发生。在疲劳核心周围，往往存在着以疲劳核心为焦点，非常光滑细洁、贝纹线不明显的狭小区域。疲劳破坏以它为中心，向外发射海滩状的疲劳弧带或贝纹线。

②疲劳裂纹扩展区。疲劳裂纹扩展区是疲劳断口上最重要的特征区域。它最明显的特征是常呈现宏观的疲劳弧带和微观的疲劳纹。疲劳弧带大致以疲劳源为核心，以水波形式向外扩展，形成许多同心圆或同心弧带，其方向与裂纹的扩展

方向相垂直。

③瞬时破断区。瞬时破断区是当疲劳裂纹扩展到临界尺寸时发生的快速破断区。其宏观特征与静载拉伸断口中快速破断的放射区及剪切唇相同。

3.断口分析

断口分析是为了通过断裂零件破坏形貌的研究，推断断裂的性质和类别，分析、找出破坏的原因，提出防止断裂事故的措施。

零件断裂的原因是非常复杂的，因此断口分析的方法也是多种多样的。

（1）实际破裂情况的现场调查。现场调查是破断分析的第一步。零件破断后，有时会产生许多碎片。对于断口的碎片，都必须严加保护，避免氧化、腐蚀和污染。在未查清断口的重要特征和照相记录以前，不允许对断面清洗。另外，还应对零件的工作条件、运转情况以及周围环境等进行详细调查研究。

（2）断口的宏观分析。断口的宏观分析是指用肉眼或低倍放大镜（20倍以下）对断口进行观察和分析。分析前对油污应用汽油、丙酮或石油醚清洗、浸泡；对锈蚀比较严重的断口，采用化学法或电化学法除去氧化膜。

宏观分析能观察分析破断全貌、裂纹和零件形状的关系，断口与变形方向的关系，断口与受力状态的关系；能够初步判断裂纹源位置、破断性质与原因，缩小进一步分析研究的范围，为微观分析提供线索和依据。

（3）断口的微观分析。断口的微观分析是指用金相显微镜或电子显微镜对断口进行观察和分析。其主要目的是观察和分析断口形貌与显微组织的关系，断裂过程微观区域的变化，裂纹的微观组织与裂纹两侧夹杂物性质、形状和分布，以及显微硬度、裂纹的起因等。

（4）金相组织、化学成分、力学性能的检验。金相方法主要是研究材料是否有宏观及微观缺陷、裂纹分布与走向以及金相组织是否正常等。化学分析主要是复验金属的化学成分是否符合零件要求，杂质、偏析及微量元素的含量和大致分布情况等。力学性能检验主要是复验金属材料的常规性能数据是否合格。

（三）腐蚀

1.腐蚀的概念

腐蚀是金属受周围介质的作用而引起损坏的现象。金属的腐蚀损坏总是从金属表面开始，然后或快或慢地往里深入，同时常常发生金属表面的外形变化。首先，在金属表面上出现不规则形状的凹洞、斑点、溃疡等破坏区域；其次，破坏的金属变为化合物（通常是氧化物和氢氧化物），形成腐蚀产物并部分地附着在金属表面上，如铁锈蚀。

2.腐蚀的分类

金属的腐蚀按其机理可分为化学腐蚀和电化学腐蚀两种。

（1）化学腐蚀金属。与介质直接发生化学作用而引起的损坏称为化学腐蚀。腐蚀的产物在金属表面形成表面膜，如金属在高温干燥气体中的腐蚀、金属在非电解质溶液（如润滑油）中的腐蚀。

（2）电化学腐蚀。金属表面与周围介质发生电化学作用的腐蚀称为电化学腐蚀。属于这类腐蚀的有：金属在酸、碱、盐溶液及海水、潮湿空气中的腐蚀，地下金属管线的腐蚀，埋在地下的机器底座被腐蚀，等等。引起电化学腐蚀的原因是宏观电池作用（如金属与电解质接触或不同金属相接触）、微观电池作用（如同种金属中存在杂质）、氧浓差电池作用（如铁经过水插入砂中）和电解作用。电化学腐蚀的特点是腐蚀过程中有电流产生。

在以上两种腐蚀中，电化学腐蚀比化学腐蚀强烈得多，金属的蚀损大多数由电化学腐蚀造成。

3.防止腐蚀的方法

防腐蚀的方法包括两个方面：首先是合理选材和设计，其次是选择合理的操作工艺规程。这两方面都不可忽视。目前生产中常采用的防腐措施有以下几种。

（1）合理选材。根据环境介质的情况，选择合适的材料。例如，选用含有镍、铬、铝、硅、钛等元素的合金钢，或在条件允许的情况下，尽量选用尼龙、塑料、陶瓷等材料。

（2）合理设计。通用的设计规范是避免不均匀和多相性，即力求避免形成腐蚀电池的作用。不同的金属、不同的气相空间、热和应力分布不均以及体系中各部位间的其他差别都会引起腐蚀破坏。因此，设计时应努力使整个体系的所有条件尽可能均匀一致。

（3）覆盖保护层。这种方法是在金属表面覆盖一层不同材料，改变零件表面结构，使金属与介质隔离开来以防止腐蚀。具体方法如下。

①覆盖金属保护层。采用电镀、喷镀、熔镀、气相镀和化学镀等方法，在金属表面覆盖一层如镍、铬、锡、锌等金属或合金作为保护层。

②覆盖非金属保护层。这是设备防腐蚀的发展方向，常用的办法如下。

a.涂料。将油基漆或树脂基漆（如合成脂）通过一定的方法将其涂覆在物体表面，经过固化而形成薄涂层，从而保护设备免受高温气体及酸碱等介质的腐蚀作用。常用的涂料产品有防腐漆、沥青漆、环氧树脂涂料、聚乙烯涂料等。

b.砖、板衬里。常用的是水玻璃胶泥衬辉绿岩板。辉绿岩板是由辉绿岩石熔铸而成，它的主要成分是二氧化硅，胶泥即是粘合剂。它的耐酸碱性及耐腐蚀性较好，但材料性能较脆不能受冲击，在有色冶炼厂用来做储酸槽壁，槽底则衬瓷砖。

c.硬（软）聚氯乙烯。它具有良好的耐蚀性和一定的机械强度，加工成形方便，焊接性能良好，可做成储槽、电除尘器、文氏管、尾气烟囱、管道阀门和离心风机、离心泵的壳体及叶轮。它已逐步取代了不锈钢、铅等贵重金属材料。

d.玻璃钢。它是采用合成树脂为粘结材料，以玻璃纤维及其制品（如玻璃布、玻璃带、玻璃丝等）为增强材料，按照不同成形方法（如手糊法、模压法、缠绕法等）制成。它具有优良的耐蚀性，比强度（强度与质量之比）高，但耐磨性差，有老化现象。实践证明，玻璃钢在中等浓度以下的硫酸、盐酸和温度在90℃以内做防腐衬里，使用情况是较理想的。

e.耐酸酚醛塑料。它是以热固性酚醛树脂做粘结剂，以耐酸材料（玻璃纤维、石棉等）做填料的一种热固性塑料。它易于成形和机械加工，但成本较高，目前主要用作各种管道和管件。

（4）添加缓蚀剂。在腐蚀介质中加入少量缓蚀剂，能使金属的腐蚀速度大大降低。例如，在设备的冷却水系统中采用磷酸盐、偏磷酸钠处理，可以防止系统腐蚀和锈垢存积。

（5）电化学保护。电化学保护就是对被保护的金属设备通以直流电流进行极化，以消除电位差，使之达到某一电位时，被保护金属可以达到腐蚀很小甚至无腐蚀状态。它是一种较新的防腐蚀方法，但要求介质必须是导电的、连续的。电化学保护又可分为以下两类。

①阴极保护。阴极保护主要是在被保护金属表面通以阴极直流电流，可以消除或减少被保护金属表面的腐蚀电池作用。

②阳极保护。阳极保护主要是在被保护金属表面通以阳极直流电流，使其金属表面生成钝化膜，从而增大了腐蚀过程的阻力。

（6）改变环境条件。改变环境条件的方法是将环境中的腐蚀介质去掉，减轻其腐蚀作用，如采用通风、除湿及去掉二氧化硫气体等。对常用金属材料来说，把相对湿度控制在临界湿度（50%～70%）以下，可以显著减缓大气腐蚀。在酸洗车间和电解车间里要合理设计地面坡度和排水沟，做好地面防腐蚀隔离层，以防酸液渗透地坪后，地面起凸而损坏储槽及机器基础。

（四）蠕变损坏

零件在一定应力的连续作用下，随着温度的升高和作用时间的增加将产生变形，而这种变形还要不断地发展，直到零件的破坏。温度越高，这种变形速度越加快；有时应力不但小于常温下的强度极限，甚至小于材料比例极限。在高温下由于长时间变形的不断增加，也可能使零件破坏，这种破坏称为蠕变破坏。

金属发生蠕变是由于高温的影响。温度与应力作用时间对低碳钢力学性能的影响：抗拉强度随温度增加而增加，最大在250～350℃之间；温度再上升则抗拉强度急剧下降。屈服强度随温度上升而下降，400℃以后即行消失。弹性模量随温度上升而降低。泊松比随温度升高而略增加。断面收缩率和断后伸长率在250～350℃之间为最低，以后均随温度升高而增加。

为了防止蠕变损坏的产生，对于长期处于高温和应力作用下的零件，除了采用耐热合金（在钢中加入合金元素钨、钼、钒或少量的铬、镍）外，还可采用减小机件工作应力的方法，通过计算来保证其在使用期限内不产生不允许的变形，或不超过允许的变形量。

第三节　机械故障诊断技术的原理及应用

一、了解机械故障诊断技术

（一）机械故障诊断的基本内容

机械故障诊断，就是对机械系统所处的状态进行监测，判断其是否正常；当出现异常时分析其产生的原因和部位，并预报其发展趋势。

对设备的诊断有不同的技术手段，较为常用的有振动监测与诊断、噪声监测、温度监测与诊断、油液诊断、无损检测技术等。

机械设备状态监测及诊断技术的主要工作内容如下。

（1）保证机器运行状态在设计的范围内。监测机器振动位移可以对旋转零件和静止零件之间临近接触状态发出报警。监测振动速度和加速度可以保证受力不致超过极限，监控温度可以防止强度丧失和过热损伤，等等。

（2）随时报告运行状态的变化情况和恶化趋势。虽然振动监测系统不能制止故障发生，但能在故障还处于初期和局部范围时就发现并报告它的存在，以防止恶性事故发生和继发性损伤。

（3）提供机器状态的准确描述。机器的实际运行状态，是决定机器小修、项修、大修的周期和内容的依据，进而避免对机器进行不必要的拆卸而破坏其完整性。

（4）故障报警。警告某种故障的临近，特别是报警危及人身和设备安全的恶性事故。实施故障诊断技术的目的是：避免设备发生事故，减少事故性停机，降低维修成本，保证安全生产及保护环境，节约能源。换句话说，实施该技术可以保证设备安全、可靠、长周期、满负荷地运行。

（二）机械故障诊断的基本原理

机械故障诊断就是在动态情况下，利用机械设备劣化进程中产生的信息（即振动、噪声、压力、温度、流量、润滑状态及其指标等）来进行状态分析和故障诊断。

（三）机械故障诊断的基本方法

机械故障诊断目前流行的分类方法有两种：一是按诊断方法的难易程度分类，可分为简易诊断法和精密诊断法；二是按诊断的测试手段来分类，主要分为直接观察法、振动噪声测定法、无损检测法、磨损残余物测定法和机器性能参数测定法等。下面分别加以叙述。

（1）简易诊断法。简易诊断法指主要采用便携式的简易诊断仪器，如测振仪、声级计、工业内窥镜、红外点温仪对设备进行人工巡回监测，根据设定的标准或人的经验分析，了解设备是否处于正常状态。简易诊断法主要解决的是状态监测和一般的趋势预报问题。

（2）精密诊断法。精密诊断法指对已产生的异常状态采用精密诊断仪器和各种分析手段（包括计算机辅助分析方法、诊断专家系统等）进行综合分析，以此来判断故障的类型、程度、部位和产生的原因及故障发展的趋势等。精密诊断法主要解决的问题是分析故障原因和较准确地确定发展趋势。

（3）直接观察法。传统的直接观察法，如"听、摸、看、闻"，在一些情况下仍然十分有效。但因其主要依靠人的感觉和经验，有较大的局限性。目前出现的光纤内窥镜、电子听诊仪、红外热像仪、激光全息摄影等现代手段，使这种传统方法又恢复了青春活力，成为一种有效的诊断方法。

（4）振动噪声测定法。机械设备动态下的振动和噪声的强弱及其包含的主要频率成分和故障的类型、程度、部位和原因等有着密切的联系，因此利用这种信息进行故障诊断是比较有效的方法。其中，特别是振动法，信号处理比较容易，因此应用更加普遍。

（5）无损检测法。无损检测法是一种从材料和产品的无损检测技术中发展起来的方法，它是在不破坏材料表面及其内部结构的情况下检验机械零部件缺陷的方法。它使用的手段包括超声波、红外线、X射线、Y射线、声发射、渗透染色等。这一套方法目前已发展成一个独立的分支，在检验由裂纹、砂眼、缩孔等缺陷造成的设备故障时比较有效。其局限性主要是其某些方法（如超声波检测、射线检测等）有时不便于在动态下进行。

（6）磨损残余物测定法。机器的润滑系统或液压系统的循环油路中携带着大量的磨损残余物（磨粒）。它们的数量、大小、几何形状及成分反映了机器的磨损部位、程度和性质，根据这些信息可以有效地诊断设备的磨损状态。目前，磨损残余物测定方法在工程机械及汽车、飞机发动机监测方面已取得了良好的效果。

（7）机器性能参数测定法。显示机器主要功能的机器性能参数，一般可以直接从机器的仪表上读出，由这些数据可以判定机器的运行状态是否偏离正常范围。机器性能参数测定方法主要用于状态监测或作为故障诊断的辅助手段。

二、监测与诊断系统

机械运转状态与故障诊断的手段，体现在一套完整的装置上，构成一个完整的系统，称为机械状态监测与故障诊断系统。

（一）监测与诊断系统的工作过程与步骤

机械设备故障诊断从技术上讲，一般分为两大部分：第一是信号的获取，即根据具体情况选用适当的传感器，将能反映机械状况的信号（即某个物理量）测量出来；第二是信号分析与数据解释，即根据被诊断故障的性质以及所采集的信号特点，采用相应的信号处理技术，将信号中反映机械设备状况的特征突出出来，并将其与以往值比较，找出其中的差别，以此确定设备是否出现了故障、是什么类型的故障以及故障的位置等。

对被监测系统运转状态的判别，是对一个未知系统的识别过程。在多数情况下，已知某些系统特性的参数，通过试验的方法，确定参数值，确定系统模型，从而确定了系统的状态。也就是通过参数识别确定系统状态。其步骤如下。

（1）敏感参数选定。把对系统影响最大和最敏感的参数作为系统识别的敏感因子，建立系统的数学模型。这里可作为基本参数的有长度、质量、时间、电流、温度及光强度等。由这些参数推导出来的主要参数有力、压力、功、能量、功率、电阻、电容、电感及导热等。另外一些参数，即由各个量之间的内在联系推导出来的次要参数有力矩、流量、单位燃油消耗率等。优选上述参数，建立选定参数表征的故障档案库。

（2）信号采集。信号采集就是对监测系统敏感点上的敏感参数的采集。在正常情况下记录输入与输出，即激励与响应信号。

（3）状态参数识别。通过敏感因子的识别，或经过必要的推导计算，将待检模式与样板模式（故障档案）对比，识别待检系统运转状态。

（4）诊断决策及其输出。检测与诊断系统对设备当前状态根据判别结果采取相应对策。若出现异常，及时报警并对设备进行干预，或者根据叠积差值预估系统的变化趋势，并将设备状态发展趋势的具体描述，如趋势数据表、曲线、图谱或者寿命估计、维修建议等，以显示、存储、笔绘的方式输出。

（二）简易诊断系统

1.便携式振动分析仪

便携式振动分析仪使用专用的速度或加速度传感器，连接方便、工作可靠。一般仪器上均有指针、液晶或发光二极管显示，能直观读出振动有效值、均方根值、峰值或振动烈度值等。有的仪器可分为几个频率档分别读值，高档仪器可同时进行若干个频率档（如倍频程）分析。便携式振动分析仪价格低廉，使用方便，在中小企业应用广泛。但便携式振动分析仪一般不能分析故障的原因及部位等问题。

2.声级计

声级计是测量噪声的专用仪器。一般声级计均使用电容式传声器（话筒），经放大及计权后读出声压级的大小。它的使用有一定的局限性，现场使用声级计进行噪声监测，由于背景噪声等方面的干扰，还不能达到有经验的检修工人耳朵的水平。

3.点温度计

各种点温度计能准确地测出实际温度。比如常用的半导体点温度计，将测头与轴承座被测部位接触，仪器指针可指示温度高低；更方便的是红外点温度计，外形像把手枪，操作者只要对准需要测量的部位，不需接触，被测物体可以做直线运动、往复运动或转动，液晶屏上立刻就能显示被测点的温度。这种方式的缺点是过分依赖操作者的巡检。

（三）精密监测诊断系统

监测诊断系统是以状态辨识为中心的信号智能处理系统。系统分为三大部分，即数据采集系统、状态识别系统和诊断输出系统。

1.数据采集系统

数据采集系统又称为数据采集器。它能定时、周期性地在被监测系统的那些选定的监测点上测量振动、温度、噪声等信号。

（1）数据采集系统。数据采集系统包括传感器、放大器、滤波器、示波器、记录器、A–D接口板及微型计算机。

①传感器。传感器是将机械量转换为电信号的装置。传感器性能的选择、测

点数目和位置的确定以及正确的安装，关系到能否获得完整、准确的信息，将直接影响监测和分析工作的效果。

②放大器。放大器用来调整由传感器输出的电信号的大小和输出阻抗等，以便接入后续硬件进行分析。

③滤波器。由传感器输出的振动信号中包含的频率成分比较复杂，频率范围也比较宽，但有些频率成分是不需要的，如高频噪声干扰信号。因此，要用滤波器对传感器输出的信号"过滤"一遍，除掉一些不需要的频率成分，然后送入计算机处理。

④示波器。示波器是一个辅助仪器，可以直接显示信号波形。

⑤记录器。用磁带记录仪定期到现场记录信号，然后带回来重放并进行分析，称为离线分析。在线监测方法中，有时不可能实时分析机器快速起停过程和突发性时间历程，可辅助使用磁带记录仪现场记录以便进行离线分析。

⑥A–D接口板。A–D接口板的主要功能是将信号从连续量变为一个个离散数字量。只有这样，计算机才能接受和处理。A–D接口板可以同时完成对多路信号的转换（采样）。

⑦微型计算机。计算机是监测与诊断系统的心脏，负责完成信号的接收、储存、监测和管理工作，还控制着A–D接口板和开关量板的转换工作。它和打印机、显示器（屏幕）等外部设备连接，可以将信号及分析处理结果显示和打印出来。

（2）数据采集系统的工作步骤

①组态。组态即选定被监测对象——机器，选定测点；确定巡检的路线和周期，确定各测点的测量参数，并把这些信息输入计算机。组态表可由打印机打印出来。

②巡检准备。巡检之前把数据采集系统与计算机连接起来，使用相应的软件使采集系统处于准备状态，使内存置为零，把采集系统的时钟与计算机时钟对准，标定准确的采样时间，把巡检路线和测点参数等组态信息及上次巡检中测得的量值和预定的报警值输入采集系统。准备完毕后，将采集系统和计算机脱开，到现场去采集数据。

③数据采集。根据采集系统显示的测点顺序，逐点监测。对每个测点均可以把本次显示的值与上次测得值及预定的报警值做比较。如果变化不大，做一般处

理。当有明显变化及其他异常时，需记录一段信号和时间历程以备谱分析之用。当完成某点采集后，采样系统根据预定的巡回路线自动显示下一个测点的名称。

2.状态识别系统

状态识别系统主要是由计算机和谱分析仪组成的数字信号处理系统。其主要作用是把采集的信号输入计算机和谱分析仪，通过信号分析，对多种运行特征量进行监视。特征量是从不同方面收集的动态过程的主要信息，用以分析和推断故障原因并预报工况发展趋势。

3诊断输出系统

诊断输出系统的作用是把状态识别的诊断结论予以输出。它包括两部分。一是出现故障后对设备干预信号的输出。由D-A输出接口板、开关量板及其他执行电器组成，其作用是将计算机输出的干预数字信号变成模拟信号或直接输出，使执行电器机构动作，对被监测设备进行干预。二是将机器状态分析结果通过计算机输出为时间历程曲线及频谱图等。

第五章　机械零件修复技术

第一节　零件修复技术的种类及选择原则

一、零件修复技术的分类

在机械设备修理中，合理地选用修复工艺是提高修理质量、降低修理成本和加快修理速度的有效措施。在选用修复工艺时，要根据修理要求和修理工艺的特点来综合考虑。特别是对于一种零件存在多种损坏形式，或一种损坏形式可用几种修复工艺修复的情况时，选择最佳修复工艺更显得尤为必要。制订修理方案时应分析总结日常检修所发生的问题和故障，广泛收集操作工人、机修工人和技术人员的意见，结合解体检查，以查出零部件实际的磨损情况为重点，不应把非关键性的零件包括进去。对机械存在的问题和磨损情况进行分析研究，指出在修理过程中将会出现的问题，由此提出若干种修理方案。最后进行分析比较，确定出一个可靠性高、节省工时与材料且又切实可行的修理方案。

二、零件修复技术的选择

对于某一种机械零件可能同时有不同的损伤缺陷或者对于某一种损伤缺陷可能有几种修复方法及技术，但究竟哪一种修复方法及技术最好，则需要合理选择，这是修复零件时首先要解决的问题。

（一）选择修复技术应遵守的基本原则

选择机械零件修复技术时，应遵循"技术合理，经济性好，生产可行"的原则。在应用这一原则时，要对具体情况进行具体分析，并综合考虑。

1.技术合理

技术合理指的是该技术应满足待修机械零件的技术要求。为此，需要考虑如下各项。

（1）考虑所选择的修复技术对机械零件材质的适应性。由于每一种修复技术都有其适应的材质，所以在选择修复技术时，首先应考虑待修复机械零件的材质对修复技术的适应性。

例如，喷涂技术在零件材质上的适用范围较宽，金属零件（如碳钢、合金钢、铸铁件）、绝大部分非铁金属件及它们的合金件等几乎都能喷涂。在金属中只有少数的非铁金属及其合金喷涂比较困难，例如纯铜，由于其导热系数很大，当粉末熔滴撞击纯铜表面时，接触温度迅速降低，不能形成起码的熔合，常导致喷涂失败。另外，以钨、铂为主要成分的材料喷涂也较困难。

（2）考虑各种修复技术所能提供的覆盖层厚度。每个机械零件由于磨损等损伤情况不同，修复时要补偿的覆层厚度也不同。因此，在选择修复技术时，必须了解各种技术修复所能达到的覆盖层厚度。

（3）考虑覆盖层的力学性能。覆盖层的强度、硬度，覆盖层与基体的结合强度以及机械零件修理后表面强度的变化情况等是评价修理质量的重要指标，也是选择修复技术的重要依据。

例如：铬镀层硬度可高达800~1 200HV，其与钢、镍、铜等机械零件表面的结合强度可高于其本身晶格间的结合强度；铁镀层硬度可达500~800HV（45~60HRC），与基体金属的结合强度大约为200~350MPa；喷涂层的硬度为150~450HBW，喷涂层与工件基体的抗拉强度约为20~30MPa，抗剪强度为30~40MPa。

在考虑覆盖层力学性能时，也要考虑与其有关的问题。如果修复后覆盖层硬度较高，虽有利于提高耐磨性，但加工困难；如果修复后覆盖层硬度不均匀，则会引起加工表面不光滑。

机械零件表面的耐磨性不仅与表面硬度有关，而且与表面金相组织、表面吸附润滑油能力、两个表面磨合情况有关。例如，采用镀铬、镀铁、金属喷涂及振动电弧堆焊等修复技术均可获得多孔隙的覆盖层，这些孔隙中储存的润滑油使得机械零件即使在短时间内缺油也不会发生表面损伤现象。

（4）考虑修复技术应满足机械零件的工作条件。零件的构造有时往往限制了某些修复工艺的使用。例如，内轴颈不宜用镶套法修复。又如，轴上螺纹车成直径小一级的螺纹时，要考虑到螺母的拧入是否受到邻近轴直径尺寸较大部位的限制。用镶螺塞法修理螺纹孔及用镶套法修理螺纹孔时，孔壁厚度与邻近螺纹孔的距离尺寸是主要的限制因素。如电动机端盖轴承孔与邻近的轴承盖螺纹孔很近，一般不采用镶套法修理。机械零件的工作条件包括承受的载荷、温度、运动速度、工作面间的介质等，选择修复技术时应考虑其必须满足机械零件工作条件的要求。例如，所选择的修复技术施工时温度高，就会使机械零件退火，原表面热处理性能被破坏，热变形及热应力均增加，材料力学性能下降。再如气焊、电焊等补焊和堆焊技术，在操作时机械零件受到高温的影响，其热影响区内金属组织及力学性能均发生变化，故这些技术只适于修复焊后需加工整形的机械零件、未淬火的机械零件以及焊后需热处理的机械零件。

机械零件工作条件不同，所采用的修复工艺也应不同。例如，在滑动配合条件下工作的机械零件两个表面，承受的接触应力较低，从这点考虑，各种修复技术都可胜任；而在滚动配合条件下工作的机械零件两个表面，承受的接触应力较高，则只能采用镀铬、吹焊、堆焊等修复技术。又如，工件承受冲击载荷，宜选用喷焊、堆焊等修复技术。

（5）考虑对同一机械零件不同的损伤部位所选用的修复技术尽可能少。例如，某机械设备的减速器从动轴，经常损伤的部位是渐开线花键和自压油挡配合面。对于渐开线花键，目前只能用焊条电弧堆焊技术修复；而自压油挡配合面，则可以用焊条电弧堆焊、振动电弧堆焊、等离子喷涂等多种技术修复。当两个损伤部位同时出现时，为了避免机械零件往复周转，缩短修复过程，这两个损伤部位可全用焊条电弧堆焊技术修复。

（6）修复工艺过程对零件物理性能的影响。在修理过程中，不同工艺过程对修理零件的精度和物理性能有不同的影响。大部分零件在修复过程中，零件温度都比常温高。电镀、金属和电火花镀敷等工艺过程，零件温度低于100℃，对零件渗碳层及淬硬组织几乎没有影响，零件因受热而产生的变形很小。各种钎焊的温度都低于被焊金属的熔化温度，用锡、铅、锌、镉、银等金属制成的软焊料，钎焊温度约在250～400℃，对零件的热影响很小。以银、铜、锌、铁、锰、镍等金属为主要成分组成的硬焊料，钎焊温度约在600～1 000℃。硬焊料钎焊时，被焊零件要预热或同时加热到较高温度。800℃以上的温度会使零件退火，热变形增大。填充金属与被焊金属熔合的堆焊法有电弧焊、铸铁焊条气焊等，由于零件受到高温后热影响区的金属组织及力学性能发生变化，故只适用于修理焊后加工整形的零件、未硬化的零件及堆焊后进行热处理的零件。

（7）考虑下次修复的便利。多数机械零件不只是修复一次，因此要考虑下次修复的便利。例如，专业修理厂在修复机械零件时应采用标准尺寸修理法及其相应的技术，而不宜采用修理尺寸法，以免给送修厂家再修复时造成互换、配件等方面的不方便。

由上述几方面可见，选择零件的修复工艺时，往往不能只看一个方面，而要从多个方面来综合地分析比较，才能得到较合理的修理方案。

2.经济性好

在保证机械零件修复技术合理的前提下，应考虑到所选择修复技术的经济性。但单纯用修复成本衡量经济性是不合理的，还需考虑用某技术后机械零件的使用寿命，因此必须两方面结合起来考虑，综合评价。同时，还应注意尽量组织批量修复，这有利于降低修复成本，提高修复质量。

只要旧件修复后的单位使用寿命的修复费用低于新件的单位使用寿命的制造费用，即可被认为修复是经济的。但应注意，在实际生产中，还必须考虑到因备品配件短缺而停机、停产造成经济损失的情况。这时，即使是所采用的修复技术使得修复旧件的单位使用寿命所需的费用较大，但从整体经济方面考虑还是可取的。

3.生产可行

许多修复技术需配置相应的技术装备、一定数量的技术人员，也涉及整个维修组织管理和维修生产进度。所以，选择修复技术要结合企业现有的修复所用的装备状况和修复水平进行。但应注意不断更新现有修复技术，通过学习开发和引进，结合实际采用较先进的修复技术。组织专业化机械零件修复，并大力推广先进的修复技术是保证修复质量、降低修复成本、提高修理技术的发展方向。

总之，选择修复技术时，不能只从一个方面考虑问题，而应综合地从几个方面来分析比较，从中确定出最优方案。

（二）选择机械零件修复技术的方法与步骤

遵照上述选择修复技术的基本原则，选择机械零件修复技术的方法与步骤如下。

（1）了解和掌握待修机械零件的损伤形式、损伤部位和损伤程度；了解机械零件的材质，物理、力学性能和技术条件；了解机械零件在机械设备中的功能和工作条件。为此，需查阅机械零件的鉴定单、图册或制造技术文件、部装图及其工作原理等。

（2）明确零件修复的技术要求，对照本单位的修复技术装备状况、技术水平和经验，估算旧件修复的数量。

（3）按照选择修复技术的基本原则，对待修机械零件的各个损伤部位选择相应的修复技术。如果待修机械零件只有一个损伤部位，则到此就完成了修复技术的选择过程。

（4）全面权衡整个机械零件各损伤部位的修复技术方案。实际上，一个待修机械零件往往同时存在多处损伤，而各部位的损伤程度也不相同。在确定机械零件各单个损伤的修复工艺之后，应当加以综合权衡，确定其全面修复的方案。因此，必须按照下述原则全面权衡修复方案：①在保证修复质量前提下，力求修复方案中采用的修复技术种类最少；②力求避免各修复技术之间的相互不良影响（例如热影响）；③尽量采用简便而又能保证质量的修复技术。

（5）最后择优确定一个修复方案。当待修机械零件全面修复技术方案有多个时，需根据零件各损坏部位的情况和修复工艺的适用范围，以及修复工艺选择的原则，择优选定修复方案。

（6）制订修复工艺规程。修复方案确定后，应按一定原则拟订先后顺序，提出各工步中的技术要求、工艺规范要求，所用设备、工具、夹具、量具及其他辅助工具（用具）等，形成修复工艺规程。

（三）机械零件修复工艺规程内容

机械零件修复工艺规程的内容包括：名称、图号、硬度、损伤部位指示图、损伤说明、修理技术的工序及工步，每一工步的操作要领及应达到的技术要求、工艺规范，修复时所用的设备、夹具、量具，修复后的技术质量检验内容等。

修复工艺规程常以卡片的形式规定下来，必要时可加以说明。

（四）制订机械零件修复工艺规程的过程

（1）熟悉机械零件的材料及其力学性能、工作条件和技术要求，了解损伤部位、损伤性质（磨损、断裂、变形、腐蚀）和损伤程度（如磨损量大小、磨损不均匀程度、裂纹深浅及长度等），了解本单位的设备状况和技术水平，明确修复的批量。

（2）根据修复技术的选择原则，确定修复技术方法，分析该机械零件修复中的主要技术问题，并提出相应的措施。安排合理的技术顺序，提出各工步的技术要求、工艺规范以及所用的设备、夹具、量具等。

（3）听取有关人员的意见并进行必要的试修，对试修件进行全面的质量分析和经济指标分析。在此基础上正式填写技术规程卡片，并报请主管领导批准后执行。

（4）在技术规程中，既要把住质量关，对一些关键问题做出明确规定，又不要把一些不重要的操作方法规定得太死，这样可便于修理工人根据自己的经验和习惯灵活掌握。

（五）制订机械零件修复工艺规程的注意事项

1.合理编排顺序

应该做到以下几点。

（1）变形较大的工序应排在前面，电镀、喷涂等工艺一般在压力加工和堆焊修复后进行。

（2）零件各部位的修复工艺相同时，应安排在同一工序中进行。

（3）精度和表面质量要求较高的工序应排在最后。

2.保证精度要求

（1）尽量使用零件在设计和制造时的基准。

（2）若原设计和制造的基准被破坏，必须安排对基准面进行检查和修正的工序。

（3）当零件有重要的精加工表面不修复，且在修复过程中不会变形，可选该表面为基准。

（4）各修复表面的表面粗糙度及其他几何公差应符合新件的标准。

3.保证足够强度

（1）零件的内部缺陷会降低疲劳强度，因此对重要零件在修复前、后都要安排无损检测工序。

（2）对重要零件要提出新的技术要求，如加大过渡圆角半径、提高表面质量、进行表面强化等，防止出现疲劳断裂。

4.安排平衡试验工序

为保证高速运动零件的平衡，必须规定平衡试验工序。例如，曲轴修复后应做动平衡试验。

5.保证适当硬度

为保证零件的配合表面具有适当的硬度，绝不能为便于加工而降低修复表面的硬度；同时要考虑某些热加工修复工艺会破坏不加工表面的热处理性能而降低硬度，为此应遵循以下原则：

（1）保护不加工表面的热处理部分；

（2）最好选用不需热处理就能得到高硬度的工艺，如镀铬、镀铁、等离子喷焊、氧乙炔火焰喷焊等；

（3）当修复加工后必须进行热处理时，尽量采用高频感应淬火。

第二节　工件表面强化技术

一、表面形变强化

表面形变强化的基本原理是通过喷丸、滚压、挤压等手段，使工件表面产生压缩变形，表面形成形变硬化层，其深度可达0.5~1.5mm，从而有效地提高工件表面强度和疲劳强度。表面形变强化的成本低廉，强化效果显著，在机械设备维修中常被采用。表面形变强化方法主要有滚压、内挤压和喷丸等，其中喷丸强化应用最为广泛。

（一）滚压强化

滚压强化的原理是利用球形金刚石滚压头或者表面有连续沟槽的球形金刚石滚压头以一定的滚压力对零件表面进行滚压，使表面形变强化产生硬化层。滚压技术一般只适用于回转体类零件。

（二）内挤压

内挤压是使孔的内表面获得形变强化的工艺方法。

（三）喷丸

喷丸是利用高速弹丸强烈冲击零件表面，使之产生形变硬化层并引进残余应力的一种机械强化工艺方法。喷丸技术显著提高了零件的抗弯曲疲劳、抗腐蚀疲劳、抗微动磨损等性能。

喷丸技术通常用于表面质量要求不太高的零件，如弹簧、齿轮、链条、轴、叶片等零件的强化。

二、表面热处理强化和表面化学热处理强化

（一）表面热处理强化

表面热处理是通过对零件表层加热、冷却，使表层发生相变，从而改变表层组织和性能而不改变成分的一种技术。它是最基本、应用最广泛的表面强化技术之一，它可使零件表层具有高强度、高硬度、高耐磨性及疲劳极限，而心部仍保留原组织状态。

根据加热方式不同，常用的表面热处理强化技术包括感应（高频、中频、工频）淬火、火焰淬火、接触电阻加热淬火、浴炉（高温盐浴炉）淬火等。生产中广泛应用的是感应淬火和火焰淬火。

1.感应淬火

（1）感应淬火的基本原理。感应淬火的基本原理是：将工件放在铜管绕制的感应圈内，当感应圈通过一定频率的电流时，感应圈内部和周围产生同频率的交变磁场，于是工件中相应产生了自成回路的感应电流。由于集肤效应（频率越高，电流集中的表面层越薄），感应电流主要集中在工件表层，使工件表面迅速

加热到淬火温度，随即喷水冷却，使工件表层淬硬。

（2）感应加热频率的选择。根据热处理及加热深度的要求选择频率，频率越高加热的深度越浅。

①高频感应加热（100～500kHz）。淬硬层深为0.5～2.5mm，一般用于中小型零件的加热，如小模数齿轮及中小轴类零件等。

②中频感应加热（0.5～10kHz）。淬硬层深度2～10mm。它适于较大直径的轴类、中大齿轮等。

③工频感应加热（50Hz）。淬硬层深度为10～20mm，适于大直径工件的表面淬火。

感应淬火具有表面质量好、脆性小、淬火表面不易氧化脱碳、变形小、生产率高、便于实现生产机械化等优点，多用于大批量生产、形状较简单的零件。

2.火焰淬火

火焰淬火是用乙炔-氧或煤气-氧的混合气体燃烧的高温火焰，喷射在零件表面上，使它快速加热达到淬火温度，而心部温度仍很低，随即喷水冷却，从而获得高硬度马氏体组织和淬硬层的一种表面淬火方法。

火焰淬火的淬硬层深度一般为2～6mm，若要获得更深的淬硬层，会引起零件表面严重的过热，且易产生淬火裂纹。由于其淬火质量不够稳定，生产率低，限制了它的广泛应用。但它具有方法简便、灵活，无需特殊设备，成本低等优点，适用于单件或小批量生产的大型或需要局部淬火的零件，如大型轴、大齿轮、轧辐、齿条、钢轨面等。

（二）表面化学热处理强化

表面化学热处理强化是利用合金元素扩散性能，使合金元素渗入零件金属表层的一种热处理方法。它的基本原理是：将工件置于含有渗入元素的活性介质中，加热到一定温度，使活性介质通过扩散并释放出欲渗入元素的活性原子；活性原子被表面吸附并溶入表面，溶入表面的原子向金属表层扩散渗入形成一定厚度的扩散层，从而改变表层的成分、组织和性能。

表面化学热处理强化可以提高金属表面的强度、硬度和耐磨性，提高表面疲劳强度，提高表面的耐蚀性，使金属表面具有良好的抗粘着能力和低的摩擦因数。

常用的表面化学热处理强化方法有渗硼（可提高表面硬度、耐磨性和耐蚀性）、渗碳、渗氮、碳氮共渗（可提高表面硬度、耐磨性、耐蚀性和疲劳强度）、渗金属（渗入金属大多数为 W、Mo、V、Cr 等，它们与碳形成碳化物，硬度极高，耐磨性很好，抗粘着能力强，摩擦因数小）等。

三、三束表面改性技术

三束表面改性技术是指将激光束、电子束和离子束（合称"三束"）等具有高能量密度的能源（一般大于 10^3W/cm^2）施加到材料表面，使之发生物理、化学变化，以获得特殊表面性能的技术。三束对材料表面的改性是通过改变材料表面的成分和结构来实现的。由于这些束流具有极高的能量密度，可对材料表面进行快速加热和快速冷却，使表层的结构和成分发生大幅度的改变（如形成微晶、纳米晶、非晶、亚稳成分固溶体和化合物等），从而获得所需要的特殊性能。此外，束流技术还具有能量利用率高、工件变形小、生产效率高等特点。

（一）激光束表面改性技术

激光束表面改性技术是应用光学透镜将激光束聚集到很高的功率密度与很高的温度，照射到材料表面，借助材料的自身传导冷却，改变表面层的成分和显微结构，从而提高表面性能的方法。它可以解决其他表面处理方法无法解决或不好解决的材料强化问题，可大幅度地提高材料或零部件抗磨损、抗疲劳、耐蚀、防氧化等性能，延长其使用寿命。激光束表面改性技术广泛应用于汽车、冶金、机床领域以及刀具、模具等的生产和修复中。

激光束表面改性技术包括激光淬火、激光表面涂敷、激光表面合金化、激光表面非晶态处理、激光气相沉积等。

1.激光淬火

激光淬火又称激光相变硬化，是指用激光向零件表面加热，在极短的时间内，零件表面被迅速加热到奥氏体化温度以上；在激光停止辐照后，快速自冷淬火得到马氏体组织的一种工艺方法。激光淬火件硬度高（比普通淬火高 15% ~ 20%）、耐磨、耐疲劳、变形极小、表面光亮，已广泛用于发动机缸套、滚动轴承圈、机床导轨、冷作模具等表面淬火。

2.激光涂敷

激光表面涂敷的原理与堆焊相似，将预先配好的合金粉末（或在合金粉末中添加硬质陶瓷颗粒）预涂到基材表面。在激光的辐照下，混合粉末熔化（硬质陶瓷颗粒可以不熔化）形成熔池，直到基材表面微熔。激光停止辐照后，熔化物凝固，并在界面处与基材达到冶金结合。它可避免热喷涂方法使涂层内有过多的气孔、熔渣夹杂、微观裂纹和涂层结合强度低等缺点。

基材一般选择廉价的钢铁材料，有时也可选择铝合金、铜合金、镍合金、钛合金。涂敷材料一般为Co基、Ni基、Fe基自熔合金粉末。

激光表面涂敷的目的是提高零部件的耐磨、耐热与耐蚀性能。例如，汽轮机和水轮机叶片表面涂敷Co-Cr-Mo合金，提高了其耐磨与耐蚀性能。

3.激光表面合金化

激光表面合金化是预先用镀膜或喷涂等技术把所需要的合金元素涂敷到工件表面，再用激光束照射涂敷表面，使表面膜与基体材料表层融合在一起并迅速凝固，从而形成成分与结构均不同于基体的、具有特殊性能的合金化表层。利用这种方法可以进行局部表面合金化，使普通金属零件的局部表面经处理后可获得高级合金的性能。该方法还具有层深层宽可精密控制、合金用量少、对基体影响小、可将高熔点合金涂敷到低熔点合金表面等优点，已成功用于改善发动机阀座和活塞环、涡轮叶片等零件的性能。

4.激光表面非晶态处理

激光表面非晶态处理是指金属表面在激光束辐照下至熔融状态后，以大于一定临界冷却速度快速冷却至某一特征温度以下，防止了金属材料的晶体成核和生长，从而获得表面非晶态结构。激光表面非晶态处理可减少表层成分偏析，消除表面的缺陷和可能存在的裂纹，具有良好的韧性，高的屈服强度，非常好的耐蚀性、耐磨性以及优异的磁性和电学性能。例如，汽车凸轮轴和柴油机铸钢套外壁经激光表面非晶态处理后，强度和耐蚀性均明显提高。

5.激光气相沉积

激光气相沉积是以激光束作为热源在金属表面形成金属膜，通过控制激光的工艺参数可精确控制膜的形成。用这种方法可以在普通材料上涂敷与基体完全不同的、具有各种功能的金属或陶瓷，节省资源，处理效果显著。

（二）电子束表面改性技术

电子束表面改性技术是以在电场中高速移动的电子作为载能体，当高速电子束照射到金属表面时，电子能深入金属表面一定深度，与基体金属的原子核发生弹性碰撞。而与基体金属的电子碰撞可看作能量传递，这种能量传递立即以热能形式传给金属表层原子，使金属表层温度迅速升高。

除所使用的热源不同外，电子束表面改性技术与激光束表面改性技术的原理和工艺基本类似。凡激光束可进行的热处理，电子束也都可以进行。与激光束表面改性技术相比，电子束表面改性技术还具有以下特点：由于电子束具有更高的能量密度，所以加热的尺寸范围和深度更大；设备投资较低，操作较方便；因需要真空条件，故零件的尺寸受到限制。

1.电子束表面淬火

与激光表面淬火相似，电子束表面淬火采用散焦方式的电子束轰击金属工件表面，控制加热速度为$10^3 \sim 10^5 ℃/s$，使金属表面超过奥氏体转变温度；随后高速冷却过程中发生马氏体转变，使表面强化。这种方法适用于碳钢、中碳合金钢、铸铁等材料的表面强化。例如，在柴油机阀门凸轮推杆的制造中，采用电子束对气缸底部球座部分进行表面淬火处理，可大大提高表层耐磨性。

2.电子束表面重熔

电子束表面重熔是在真空条件下，利用电子束轰击工件表面，使表面产生局部熔化并快速凝固，从而细化组织，提高或改善表面性能。此外，电子束重熔可使表层中各组成相的化学元素重新分布，降低元素的微观偏析，改善工件的表面性能。电子束重熔主要用于工模具的表面处理。

3.电子束表面合金化

电子束表面合金化是预先将具有特殊性能的合金粉末敷在金属表面，再用电子束轰击加热熔化，冷却后形成与基材冶金结合的表面合金层，或在电子束作用的同时加入所需合金粉末使其熔融在工件表面上，在工件表面上形成一层新的合金表层。该方法主要用于提高表面的耐磨、耐蚀与耐热性能。

4.电子束表面非晶态处理

电子束表面非晶态处理与激光表面非晶态处理相似，只是热源不同。由于聚焦的电子束能量密度很高以及作用时间短，使工件表面在极短的时间内迅速熔化，又迅速冷却，金属液体来不及结晶而成为非晶态。这种非晶态的表面层具有良好的强韧性与耐蚀性能。

（三）离子注入表面改性技术

离子注入是指在真空下，将注入元素离子在几万至几十万电子伏特电场作用下高速注入材料表面，使材料表面层的物理、化学和力学性能发生变化的方法。

离子注入的优点是：可注入任何元素，不受固溶度和热平衡的限制；注入温度可控，不氧化、不变形；注入层厚度可控，注入元素分布均匀；注入层与基体结合牢固，无明显界面；可同时注入多种元素，可获得两层或两层以上性能不同的复合层。

与其他表面处理技术相比，离子束注入技术也存在一些缺点，如设备昂贵、成本较高，故目前主要用于重要的精密关键部件。另外，离子注入层较薄，如十万电子伏的氮离子注入GCr15轴承钢中的平均深度仅为0.1μm，这就限制了它的应用范围。离子注入不能用来处理具有复杂网腔表面的零件，并且离子注入要在真空室中进行，受到真空室尺寸的限制。

通过离子注入可提高材料的耐磨性、耐蚀性、抗疲劳性、抗氧化性及电、光等特性。目前，离子注入在微电子技术、生物工程、宇航及医疗等高技术领域获得了比较广泛的应用，尤其是在工具和模具制造工业的应用效果突出。

第三节　塑性变形修复技术

一、镦粗法

镦粗法一般在常温下进行，是借助压力来增加零件的外径，以补偿外径的磨损部分，主要用来修复非铁金属套筒和滚柱形零件。

用镦粗法修复零件，零件被压缩后的缩短长度不应超过其原长度的15%，对于承载较大的则不应超过其原高度的8%。为使全长上镦粗均匀，其长度与直径的比值不应大于2，否则不适宜采用这种方法。

镦粗法可修复内径或外径磨损量小于0.6mm的零件。对必须保持内外径尺寸的零件，可以采用镦粗法补偿其中一项磨损量后，再采用别的修复方法保证另一项恢复到原来尺寸。

根据零件具体形状及技术要求，可制作简易模具以保证所需的尺寸要求，尤其是对批量零件的修复更为有利，可提高效率，保证质量。设备一般可采用压床、手压床或用锤子手工敲击。

二、挤压法

挤压法是利用压力将零件不需严格控制尺寸部分的材料挤压到受磨损的部分，主要适用于筒形零件内径的修复。

挤压法修复零件是借冲头和冲模使套筒外径受压缩小，因而使内径恢复到要求的尺寸。套筒的外径可借金属喷涂、镀铬和堆焊等方法恢复。例如，修复轴套可用模具进行，将所要修复的轴套放在外模的锥形孔中，利用冲头在压力的作用下使轴套的内径缩小，再用金属喷涂、电镀或镶套等方法修复缩小的轴套外径，然后进行机械加工，使内径和外径均达到规定尺寸要求。挤压法可在冷状态和热状态下进行。在热状态下操作时，将套筒加热至650～700℃，然后在套筒未冷却以前迅速挤压。

模具锥形孔的大小根据零件材料塑性变形性的大小和需要挤压量数值的大小来确定。对塑性变形性质低的材料，当挤压值较大时，模具锥形孔可采用10°～20°；当挤压值较小时，模具锥形孔可采用30°～40°。对塑性变形性质高的材料，模具锥形孔可采用60°～70°。当挤压值很大时，也可使用两个模子。模子孔内径尺寸为套筒外径值减去两倍的套筒磨损值及挤压储备值（约0.2mm）。挤压时可使用压床或用锤子均匀敲击，直到达到要求为止。

三、扩张法

扩张法的原理与挤压法相同，所不同的是零件受压向外扩张，以增大外形尺寸，补偿磨损部分。扩张法主要应用于外径磨损的套筒形零件。

根据具体情况可利用简易模具和在冷状态或热状态下进行扩张加工（冷加工扩张需要很大的压力，并且容易产生裂纹），使用设备的操作方法都与前两种方法相同。例如，空心活塞销外圆磨损后一般用镀铬法修复，若没有镀铬设备时，可用扩张法修复。活塞销的扩张既可在热状态下进行，也可在冷状态下进行。扩张后的活塞销，应按技术要求进行热处理，然后磨削其外圆，直到达到尺寸要求。

四、校正法

零件在使用过程中，常会发生弯曲、扭曲等残余变形。利用外力或火焰使零件产生新的塑性变形，从而消除原有变形的方法称为校正法。校正法分为热校法和冷校法。

（一）热校法

热校法是利用金属材料热胀冷缩的特性校正变形零件。通常是在轴弯曲凸面进行局部快速均匀加热，零件材料受热膨胀，使轴的两端向下弯曲，即轴的弯曲变形增大。当冷却时，由于受热部分收缩产生相反方向的弯曲变形，从而使轴的弯曲变形得以校正。

加热校直轴时，采用氧乙炔焰或喷灯在最大弯曲变形的轴颈$1/6 \sim 1/3$圆周上加热，使加热温度达$250 \sim 550℃$，且由变形最大处向两端降温加热。加热后保温、缓冷至室温时，检测弯曲变形的变化，一般需经数次加热才能校直。

此方法适用于弯曲变形较大的零件，对工人的操作技术和经验要求较高，其校正保持性好，对疲劳强度影响较小，应用比较广泛。热校正的关键在于弯曲的位置及方向必须找正确，加热的火焰也要和弯曲的方向一致，否则会出现扭曲或更多的弯曲。

对于负荷大的设备如冲床，压床，冷锻机、压延机的主轴热校直时，多采用自然冷却。热校直轴的一般操作规范如下。

（1）利用车床或V形铁，找出弯曲零件的最高点，确定加热区。

（2）加热用的氧乙炔火焰喷嘴，按零件直径决定其大小。

（3）加热区的形状如下。

①条状。在均匀变形和扭曲时常用。

②蛇形。在变形严重，需要热区面积大时采用。

③圆点状。用于精加工后的细长轴类零件。

（4）若弯曲量较大，可分数次加热校直，不可一次加热过长，以免烧焦工件表面。

（二）冷校法

对于材料塑性较高、变形程度不大或尺寸较小的零件可用冷校法修复。冷校法是基于反变形原理，就是使零件变形部位产生相反的变形，从而使之正形。由于材料的弹性变形会使反变形程度减小，所以反变形程度应较原变形程度适当增大，达到消除变形、恢复原有形状的目的。冷校法常用的方法有敲击法和机械校直法。

1.敲击法

用锤子人工敲击零件变形部位的背面，使之产生反向变形。根据零件材料性能、形状尺寸和变形程度等的不同可分别选用木锤、铜锤或铁锤和相应的锤击力度进行敲击。敲击时，不可在一处多次敲击，应移动地敲击，每处敲击3～4次。

此法校正变形的效果稳定，对零件的性能（如疲劳强度）影响不大。例如，小型曲轴的弯曲变形采用敲击法进行校直，用铁锤敲击曲柄臂内侧或外侧，使变形的曲轴轴线发生变化达到校直目的。

2.机械校直法

机械校直法或称静载荷法，一般是在压床或专用机床上进行变形零件的校直，用于校正弯曲变形不大的小型轴类零件。例如，小型曲轴，用V形铁在曲轴两端或弯曲部位附近的两个主轴颈处支承曲轴，并将弯曲凸面朝上，用压力机或千斤顶加压使之产生反向变形，且较原弯曲变形量大，保持压力1～2min后卸载，如此数次施压可消除变形，曲轴得以校直。

机械校直法简单易行，但校正的精度不容易控制。经此法校直的零件内有残余应力，采用低温退火也难以完全消除，会在以后的使用中再度变形。此外，由于校直后轴上截面变化处（如过渡圆角）塑性变形较大，产生较大的残余拉应力，使疲劳强度降低。

第四节 电镀修复技术

一、电镀基本原理

电镀分为有槽电镀和无槽电镀（电刷镀）。有槽电镀是以被镀零件作为阴极，欲镀金属作为阳极，并使阳极的形状符合零件待镀表面的形状。电镀槽一般采用不溶金属或非金属，如铅、铅锑合金、塑料等。电解液是所镀金属离子的盐溶液。

电解原理是：电镀使用直流电源，电镀时，阳极金属失去电子变为离子溶于电解液中；阴极附近的离子获得电子而沉积于零件表面发生还原反应。根据电镀质量、镀层厚度等的不同，电镀时所选用的电流密度、电解液的温度、电镀时间等工艺参数也不同。严格控制电镀工艺参数是获得优良镀层的关键。

（一）常用镀层金属

用于电镀的金属材料很多，如锌、铬、铜、铁、金、锡、钛等。下面介绍几种金属镀层材料。

（1）锌。外观为白色，在空气中易氧化形成白色氧化物，具有很强的耐蚀性，但耐磨性差。其主要用于钢铁零件在大气条件下的防锈层。

（2）铬。镀铬层外观为白色镜状（也有蓝色、黑色），硬度比渗碳钢高30%，具有很强的抗强酸、强碱腐蚀的能力。

（3）铜。铜镀层与基体金属结合牢固，且细致紧密，具有良好的导电性和抛光性。

（4）铁。铁镀层硬度为180~220HBW，经过热处理后可达500~600HBW，具有一定的耐磨性。在镀铁的电镀液中加入糖和甘油等附加物，可使镀层中碳的质量分数增加1%，显著地提高镀层的力学性能，这一工艺措施称为镀铁层的钢化，并能够提高镀铁层的耐磨性。

（二）电镀工艺

（1）表面处理。用机械、物理和化学等方法，去除工件表面的污垢，获得干净清洁的表面。

（2）镀前处理。经过预处理的工件，宏观上看不出污垢，但从微观上检查，表面仍存留有一层油膜或其他残留物，因此要用碱性清洗液清洗。

（3）镀前处理的工件要及时进行电镀，不能停留，以免再附着尘埃。

（4）为防止镀层不均匀，可添加有关的添加剂。

（5）设置合理的阳极与阴极的位置及距离。

（6）设计和调节镀件与镀液做相对运动的控制机构，使镀层均匀。

（7）检查无误后通电，并随时监测。

二、镀铬

镀铬是用电解法修复零件的最有效方法之一，它不仅可以修复磨损表面的尺寸，而且能改善零件的表面性能，特别是提高表面耐磨性。

（一）镀铬层特点

（1）硬度高、耐磨性好。硬度可达800～1 000HV，高于渗碳钢、渗氮钢；耐磨性高于无镀铬层的表面2～50倍。

（2）摩擦因数小。镀铬层的摩擦因数为钢和铸铁的50%。

（3）导热性好。热导率比钢和铸铁高约40%。

（4）耐蚀性强。铬层与有机酸、硫、硫化物、稀硫酸、硝酸、碳酸盐或碱等均不起反应，具有较高的化学稳定性，能长时间保持光泽。

（5）镀铬层与钢、镍、铜等基体金属有较高的结合强度。

镀铬存在的缺点是：它不能修复磨损量较大的零件，镀层的厚度一般为0.5～0.8mm，过厚则容易脱落；镀层有一定的脆性，只能承受工作表面均匀分布的动载荷；镀铬的工艺比较复杂，一般不重要的零件不宜采用。

镀铬层可分为平滑镀铬层和多孔性镀铬层两类。平滑镀铬层具有很高的密实性和较高的反射能力，但其表面不易储存润滑油，一般用于修复无相对运动的配合零件尺寸，如锻模、冲压模、测量工具等；而多孔性镀铬层的表面形成无数网状沟纹和点状孔隙，能储存足够的润滑油以改善摩擦条件，可修复具有相对运动的各种零件，如比压大、温度高、滑动速度大和润滑不充分的零件、切削机床的主轴等。

（二）镀铬工艺

1.一般工艺

镀铬的一般工艺过程为镀前准备、施镀及镀后处理。

（1）镀前准备

①机械准备加工。为了得到正确的几何形状和消除表面缺陷并达到表面粗糙度的要求，工件要进行准备加工和消除锈蚀，以获得均匀的镀层。例如，对机床主轴，镀前一般要加以磨削。

②绝缘处理。不需镀覆的表面要做绝缘处理。通常先刷绝缘性清漆，再包扎乙烯塑胶带，工件的孔眼则用铅堵牢。

③去除油脂和氧化膜。可用有机溶剂、碱溶液等将工件表面清洗干净，然后进行弱酸腐蚀，以清除工件表面上的氧化膜，使表面显露出金属的结晶组织，增强镀层与基体金属的结合强度。

（2）施镀。将被镀工件装上挂具吊入镀槽进行电镀，根据镀铬层种类和要求选定电镀规范，按时间间隔控制镀层厚度。

（3）镀后处理。镀后检查镀层质量，观察镀层表面是否镀满及色泽是否光亮，测量镀层的厚度和均匀性。镀层不合格时，用酸洗或反极退镀，重新电镀。通常镀后要进行磨削加工。镀层薄时，可直接镀到尺寸要求。对镀层厚度超过0.1mm的重要零件应进行热处理，以提高镀层韧性和结合强度。

2.新工艺

镀铬的一般工艺虽得到了广泛应用，但因电流效率低、沉积速度慢、工作稳定性差、生产周期长、需经常分析和校正电解液等缺点，所以必须研究新的镀铬工艺。

（1）快速镀铬。快速镀铬是通过改变电解液的成分、加大电流密度而得到。电镀层一种是采用比标准镀铬溶液中铬酐浓度低得多的电解液镀铬，即低铬镀铬。它的电流效率较高，电解液稳定，镀层晶粒细密、光亮、结合强度高，硬度也高。另一种是在电解液中加入某些阴离子或金属盐镀铬，即复合镀铬。它可以提高电流效率、铬层质量，减少气孔。再一种是铬酐和硫酸用量之比为200∶1时，再加入5g/L的氟硅酸，制成阴极电流效率较高的快速镀铬溶液，收到了较好的效果。

（2）喷流镀铬。喷流镀铬是用电解液喷流来进行电镀。它可减少零件的绝缘工作，随时检查镀层质量。

（3）三价铬镀铬。三价铬镀铬是以氯化铬为主盐的电解液，还含有氯化铵、氯化钠、硼酸、二甲基甲酰胺等材料，采用石墨做阳极。三价铬镀铬的最大优点是毒性小，无有害气体产生，均镀能力较好，工艺简单，无特殊要求，不受电流中断的影响，耐蚀性能也比六价铬高。但是其经济性不好，镀层不厚，仅适于装饰性镀铬，还不能用于硬质镀铬。

三、镀铁

按照电解液的温度不同分为高温镀铁和低温镀铁。电解液的温度在90℃以上的镀铁工艺，称为高温镀铁，这种方法获得的镀层硬度不高，且与基体的结合不可靠。电解液的温度在50℃以下至室温的镀铁工艺，称为低温镀铁，这种方法获得的镀层力学性能较好，工艺简单，操作方便，在修复和强化机械零件方面可取代高温镀铁，并已得到广泛应用。

镀铁层可用于修复在有润滑的一般机械磨损条件下工作的间隙配合副、过盈配合副的磨损表面，以恢复尺寸。但是，镀铁层不宜用于修复在高温或腐蚀环境、承受较大冲击载荷、干摩擦或磨料磨损条件下工作的零件。镀铁层还可用于补救零件加工尺寸的超差。

（一）镀铁层特点

（1）镀层与基体金属有较高的结合强度和较高的硬度，耐磨性好。

（2）电流效率高，沉积速度快，一次镀厚能力强，可达1.0～1.5mm。

（3）原料来源广，成本低，经济效益显著。

（4）电解液温度低，毒性小，有利于人工操作和环境保护。

（二）镀铁工艺

（1）镀前预处理。镀前首先对工件进行脱脂除锈，之后再进行阳极刻蚀。

阳极刻蚀是将工件放入25~30℃的H_2SO_4电解液中，以工件为阳极，铅板为阴极，通以直流电，使工件表面的氧化膜层去除，粗化表面以提高镀层的结合力。

（2）侵蚀。把经过预处理的工件放入镀铁液中，先不通电，静放0.5~5min使工件预热，溶解掉钝化膜。

（3）电镀。当零件经过表面化学处理后，按镀铁工艺规范立刻进行起镀和过渡镀，然后直流镀。

（4）镀后处理。镀后处理包括清水冲洗、在碱液里中和、除氢处理、冲洗、拆挂具、清除绝缘涂料和机械加工等。

四、电刷镀

电刷镀是电镀的一种特殊方式，不用镀槽，只需在不断供应电解液的条件下，用一支镀笔在工件表面上进行擦拭，从而获得电镀层。电刷镀主要应用于改善和强化金属材料工件的表面性质，使之获得耐磨、耐蚀、抗氧化、耐高温等方面的一种或数种性能。在机械修理和维护方面，电刷镀广泛地应用于修复因金属表面磨损失效、疲劳失效、腐蚀失效而报废的机械零部件，恢复其原有的尺寸精度，具有维修周期短、费用低、修复后的机械零部件使用寿命长等特点，特别是对大型和昂贵机械零部件的修复，经济效益更加显著。在施镀过程中基体材料无变形，镀层均匀致密、与基体结合力强，是修复金属工件表面失效的最佳工艺。

（一）电刷镀基本原理

电刷镀采用专用的直流电源设备，电源的正极接刷镀笔，作为电刷镀的阳极；将电源的负极接表面处理好的工件，作为电刷镀的阴极。阳极包套包裹着有机吸水材料（如脱脂棉或涤纶、棉套或人造毛套等）。刷镀时，包裹的阳极与工件欲刷镀表面接触并做相对运动，含有需镀金属离子的电刷镀专用镀液供送至阳极和工件表面处，在电场力的作用下，镀液中的金属离子向工件表面做定向迁移，在工件表面获得电子还原成原子成为镀层在工件表面沉积。镀层的厚度随刷镀时间的延长而增厚，直至所需的镀层厚度时为止。镀层厚度由专用的刷镀电源控制，镀层种类由刷镀液品种决定。

（二）电刷镀特点

1.设备特点

（1）电刷镀设备简单，体积小，重量轻，多为便携式或可移动式，便于现场使用或进行野外抢修，其用电量、用水量少，可以节约能源、资源。

（2）电刷镀不需要镀槽、挂具，设备数量少，因而对场地设施的要求较低。

（3）一套设备可以完成多个镀件的电刷镀。

（4）刷镀笔（阳极）材料主要采用高纯细石墨，是不溶性阳极；石墨的形状可根据需要制成各种样式，以适应被镀件表面的形状。

2.刷镀液的特点

（1）电刷镀溶液大多数是金属有机络合物水溶液，络合物一般在水中溶解度大，刷镀液中金属离子含量通常比槽镀高几倍到几十倍。

（2）刷镀液性能稳定，在较宽的电流密度和温度范围内使用，不必调整刷镀液组成及操作参数。

（3）不同的刷镀液有不同的颜色，其透明清晰，没有浑浊或沉淀现象，便于鉴别。

（4）刷镀液不易燃、不易爆、无毒性、腐蚀性小，因而安全可靠，便于运输和储存。

（5）根据工艺的要求，在金属镀液中可以加入不同的添加剂，以起到细化晶粒、减少内应力、提高浸润性的作用。

3.工艺特点

（1）电刷镀时，刷镀笔与工件始终保持一定的相对运动速度，使刷镀液能随刷镀笔及时送到工件表面，不易产生金属离子贫乏现象。

（2）镀层的形成是一个断续的结晶过程。刷镀液中的金属离子只在刷镀笔与工件接触的部位还原结晶。刷镀笔的移动限制了晶粒的长大和排列，因而镀层中存在大量的超细晶粒和高密度的位错，促使镀层强化。

（3）刷镀液中金属离子含量很高，允许使用大的电流，镀层的沉积速度快。

（4）手工操作，方便灵活。尤其对于复杂型面，凡是刷镀笔能触及的地方均可镀上。电刷镀技术非常适用于大设备的不解体现场修复。

（三）电刷镀工艺

电刷镀工艺过程包括工件表面准备阶段、电刷镀阶段和镀后处理。工件表面准备阶段又包括镀前准备、电净处理、活化处理，电刷镀阶段包括镀底层和刷镀工作层。

1.镀前准备

对工件表面进行预加工，除油、去锈、去除飞边毛刺和疲劳层。预制键槽和油孔的塞堵。获得正确的几何形状和较低的表面粗糙度。对深的划伤和腐蚀斑坑，要用锉刀、磨条、油石等修整露出基体金属。

2.电净处理

电净处理是指采用电解方法对工件欲镀表面及邻近部位进行精除油。通电使电净液成分离解，形成气泡，撕破工件表面油膜，达到去油的目的。

电净时，镀件一般接电源负极，但对疲劳强度要求甚严的工件，如非铁金属和易脆的超高强度钢，则应接电源正极，旨在减少氢脆。

电净时的工作电压和时间应根据镀件的材质而定。电净后，用清水将工件冲洗干净，彻底除去残留的电净液和其他污物。电净的标准是水膜均摊。

3.活化处理

活化处理实质是去除工件表面的氧化膜、钝化膜或析出的碳元素微粒黑膜，使工件表面露出纯净的金属层，为提高镀层与基体之间的结合强度创造条件。

活化时，工件必须接于电源正极，用刷镀笔蘸活化液反复在刷铁表面刷抹。低碳钢处理后，表面应呈均匀银灰色，无花斑。

4.镀底层

在刷镀工作层之前，首先刷镀很薄一层特殊镍、碱铜或低氢脆性镉做底层，其作用主要是提高镀层与基体的结合强度及稳定性。碱铜适用于改善焊接性或需防渗碳、防渗氮以及需要良好电气性能的工件，碱铜底层的厚度限于0.01～0.05mm；低氢脆性镉做底层，适用于对氢特别敏感的超高层与基体的结合强度，又可避免渗氢变脆的危险；其余一般采用特殊镍做过渡层，为了节约成本，通常只需刷镀2μm即可。

5.刷镀工作层

根据情况选择工作层并刷镀到所需厚度。单一金属的镀层随厚度的增加，其内应力也增大，结晶变扭，强度降低；过厚时将引起裂纹或自然脱落。一般单一镀层不能超过0.03~0.05mm安全厚度，快速镍和高速铜不能超过0.3~0.5mm安全厚度。如果待镀工件的磨损较大，则需先电刷镀"尺寸镀层"来增加尺寸，甚至用不同镀层交替叠加，最后才镀一层满足工件表面要求的工作镀层。

6.镀后处理

刷镀后彻底清洗工件表面的残留镀液并擦干，检查质量和尺寸，需要时送机械加工。若镀件不再加工，应采取必要的保护措施，如涂油等。剩余镀液过滤后分别存放，阳极、包套拆下清洗、晾干、分别存放，下次对号使用。

第五节　热喷涂修复技术

一、热喷涂技术的分类及特点

（一）分类

热喷涂作为新型的实用工程技术，目前尚无标准的分类方法，平常接触较多的一种分类方法是按照加热喷涂材料的热源种类来分类，可分为以下几类。

（1）火焰类。火焰类包括火焰喷涂、爆炸喷涂、超音速喷涂。

（2）电弧类。电弧类包括电弧喷涂和等离子喷涂。

（3）电热法。电热法包括电爆喷涂、感应加热喷涂和电容放电喷涂。

（4）激光类。激光类是指激光喷涂。

（二）特点

（1）喷涂材料选取范围宽，适用的基体种类广。首先，几乎所有的金属、合金、陶瓷都可以作为喷涂材料，塑料、尼龙等有机高分子材料也可以作为喷涂材料。其次，对各种材料的基体，无论是金属、陶瓷器具、玻璃基体，还是石膏、木材、布、纸等基体，只要是固体材料，几乎都可以进行热喷涂。

（2）喷涂设备经济简便，维修时便于携带，机动性好。热喷涂设备简单轻便、投资少、成本低、生产率高、经济效益好，而且既可对大型构件进行大面积喷涂，也可在指定的局部进行喷涂；既可在工厂室内进行喷涂，也可在室外现场进行施工。

（3）涂层厚薄易控制，对表面损伤的修复效果好。热喷涂涂层厚薄易调、易控，薄者可为几十微米，厚者可为几毫米。而且喷涂同样厚度的膜层，时间要比电镀短得多。

（4）喷涂工艺简便、沉积快、生产效率高。大多数喷涂技术的生产率可达到每小时喷涂数千克喷涂材料，有些工艺方法的生产率更高。

但热喷涂技术也存在缺点。例如：喷涂层与基体结合强度不很高，不能承受交变载荷和冲击载荷；涂层孔隙多，虽有利于润滑，但不利于防腐蚀，基体表面制备要求高，表面粗糙化处理会降低零件的强度和刚性；涂层质量主要靠工艺来保证。金属喷涂层的主要性质如下。

①喷涂层的多孔性。喷涂层的微粒之间是机械结合，其间有孔隙，在使用中，有时是有益的（储存润滑油、散热），有时是有害的（不利密封、易腐蚀）。喷涂层在不允许有孔隙时，必须进行封闭处理，如采用酚醛树脂、环氧树脂等胶液密封。但这只适用于小面积喷镀层，大面积的喷镀层目前无法实施封闭。

②喷镀层与基体的结合力。喷镀层与基体的结合同样是机械结合，其结合强度不高，远低于电镀层强度。为提高喷涂层的强度，喷涂后要进行滚压处理，以提高结合力。

③喷涂层的强度。由于喷涂层的微粒之间是机械结合，且呈多孔性，因此结合强度不高，在使用中不适于承受点、线接触载荷和大载荷的冲击。例如，矿山刮板运输机的刮板，采用喷涂后使用寿命反而降低500h。因此，应谨慎采用喷涂修复。

④喷涂层的硬度。喷涂层硬度与金属丝材质有关。对于碳钢，硬度随含碳量的增加而提高，喷涂层的硬度远高于金属丝的硬度。

⑤喷涂层的耐磨性。一般来讲，硬度高，耐磨性就好。但对喷涂层来讲，

由于其微粒间结合强度低，故在干摩擦条件下，耐磨性较差；在润滑条件下，磨损也较快，磨粒磨损还会造成油路堵塞，引起事故；在稳定阶段，如有良好的润滑，喷涂层才有较好的耐磨性。

二、热喷涂技术的主要方法及设备

（一）火焰粉末喷涂

火焰粉末喷涂是利用氧乙炔火焰做热源，用专用喷枪把加热到熔化或近熔化状态的合金粉末喷到经过预先处理的零件表面上形成要求涂层的工艺。它具有设备简单、工艺成熟、操作灵活、投资少、见效快的特点。它可制备各种金属、合金、陶瓷及塑料涂层，是目前国内常用的喷涂方法之一。

火焰粉末喷涂设备主要包括喷枪、氧气和乙炔供给装置以及辅助装置等。

1.喷枪

喷枪是氧乙炔火焰粉末喷涂技术的主要设备。目前国产喷枪大体上可分为中小型和大型两类。中小型喷枪主要用于中小型件和精密件的喷涂，其适应性强；大型喷枪主要用于大直径和大面积的零件，生产率高。

2.氧气供给装置

一般使用瓶装氧气，通过减压器供氧即可。

3.乙炔供给装置

一般使用瓶装乙炔。如使用乙炔发生器，以$3m^3/h$的中压乙炔发生器为好。

4.辅助装置

辅助装置一般包括喷涂机床、测量工具、粉末回收装置等。

（二）电弧喷涂

电弧喷涂是在两根丝状的金属材料之间产生电弧，电弧产生的热使金属丝熔化，熔化部分由压缩空气气流雾化并喷向基体表面而形成涂层。该工艺的特点是涂层性能优异、效率高、节能、经济、使用安全。它的应用范围包括制备耐磨涂层、结构防腐涂层和磨损零件的修复（如曲轴、一般轴、导棍）等。

电弧喷涂设备主要由直流电焊机、控制箱、空气压缩机及供气装置、电弧喷枪等组成。

（三）等离子喷涂

等离子喷涂是以电弧放电产生等离子体作为高温热源，将喷涂材料迅速加热至熔化或熔融状态，在等离子射流加速下获得高速度，喷射到经过预处理的零件表面形成涂层。

由于等离子喷涂的焰流温度高（喷嘴出口处的温度可长时间保持在数千到一万多摄氏度），可以简便地对几乎所有的材料进行喷涂，涂层细密、结合力强，能在普通材料上形成耐磨、耐蚀、耐高温、导电、绝缘的涂层，零件的寿命可提高1~8倍。等离子喷涂主要用于喷涂耐磨层，已在修复动力机械中的阀门、阀座、气门等磨损部位取得了良好的成效。

等离子喷涂原理是在阴极和阳极（喷嘴）之间产生一直流电弧，该电弧把导入的工作气体加热电离成高温等离子体并从喷嘴喷出形成等离子焰；粉末由送粉气体送入火焰中被熔化、加速、喷射到基体材料上形成膜。工作气体可以用氢气、氮气，或者在这些气体中再掺入氢气，也可采用氢和氮的混合气体。

等离子喷涂设备主要包括喷枪、送粉器、整流电源、供气系统、水冷系统及控制系统等。

第六节　焊接修复技术

一、补焊

（一）铸铁件的补焊

铸铁零件在机械设备零件中所占的比例较大，而且多数铸铁零件是重要的基础件。由于它们一般体积大、结构复杂、制造周期长、有较高精度要求，而且不作为备件储备，所以一旦损坏很难更换，只有通过修复才能使用。焊接是铸铁件修复的主要方法之一。

1.铸铁件补焊的难点

铸铁含碳量高，组织不均，强度低，脆性大，是对焊接温度较为敏感的焊接性差的材料。其焊修难点主要有以下五个方面。

（1）铸铁含碳最高，从熔化状态遇到骤冷易白口化，白口化则收缩率大；铸铁本身塑性小、脆性大，焊接时的残余应力与铸造残余应力集中作用到厚壁部分或角隅，易形成裂缝以至剥离；铸铁中含硫、磷量较高，这给焊接也带来了一定的困难。

（2）铸铁中的碳主要以片状石墨形式存在，焊修时石墨被高温氧化产生CO气体，使焊缝金属易产生气孔或咬边。

（3）铸铁组织疏松，若组织浸透油脂（尤其是长期需润滑的零部件），焊修时只靠简单的机械除油、化学除油是远远不够的；即使火焰烘烤，也不易把油脂彻底清除掉，焊修时易在焊缝中产生气体，形成气孔。

（4）铸铁件在铸造时产生的气孔、缩松、砂眼等也容易造成焊修缺陷。

（5）对于铸铁件，如补焊的工艺措施和保护方法不当，极易产生变形过大或电弧划伤而使工件报废。

2.铸铁件补焊的种类

铸铁件的补焊分为热焊和冷焊两种，需根据外形、强度、加工性、工作环境、现场条件等特点进行选择。

（1）热焊。热焊是焊前对工件高温预热（600℃以上），焊后加热、保温、缓冷。用气焊和电弧焊均可达到满意的效果。热焊的焊缝与基体的金相组织基本相同，焊后机加工容易，焊缝强度高、耐水压、密封性能好，特别适合铸铁件毛坯或机加工过程中发现的基体缺陷的修复，也适合于精度要求不太高或焊后可通过机加工修整达到精度要求的铸铁件。但是，热焊需要加热设备和保温炉，劳动条件差，周期长，整体预热变形较大，长时间高温加热氧化严重，对大型铸铁来说，应用受到了一定的限制。热焊主要用于小型或个别有特殊要求的铸铁件焊补。

（2）冷焊。冷焊是在常温下或仅低温预热的条件下进行焊接，一般采用焊条电弧焊或半自动电弧焊。冷焊操作简便、劳动条件好，施焊时间较短，具有更大的应用范围，一般铸铁件多采用冷焊。铸铁冷焊时要选用适当的焊条、焊药，使焊缝得到适当的组织和性能，以便焊后加工和减轻加热冷却时的应力危害。施焊时应采取一系列工艺措施，尽量减少输入机体的热量，减少热变形，避免气孔、裂纹、白口化等。

3.铸铁件破坏形式及其相应修复措施

铸铁件在使用过程中，由于各种原因会产生破损现象，其形式常见的有磨损、裂纹、断裂、残缺、孔洞等。

（1）裂缝件的冷焊修复。通用焊修裂缝件的冷焊工艺如下。

①找出裂源。在裂纹末端的前方3～5mm处钻止裂孔。如果裂缝很浅，彻底除油并打磨干净后，即可施焊修复。

②开坡口。以机械方法开坡口质量容易保证。开坡口以不影响准确合拢为原则，既要除尽裂纹又要确保强度。

③较深坡口的焊接，应先进行挂面焊，然后进行退步、短段多层焊和分散断续焊，即先把第一段坡口焊满填足后，再退步施焊第二段。每段焊缝的长度为50mm左右，层间温度和接续焊温度为60℃左右。焊道方向与裂纹走向垂直。

④对于壁厚、允许有较多焊层的裂缝的补焊，必要时需进行裁丝处理，以免应力过大造成焊缝剥离。

（2）磨损件的焊接修复。以车床导轨划伤的焊补工艺为例，叙述磨损件的焊接修复。若用冷焊法通常工艺修复划伤的导轨，在焊后粗打磨加工时，会发现导轨上有较多甚至是密集的小圆气孔，这是导轨划伤处吸油过多所致——导轨虽经除油并且是预热后施焊，但在焊接高温下，油脂又会从母材深处虹吸上来，而冷焊法的冷却速度快，气体来不及逸出而滞留于焊缝中，以致形成气孔。因此，除油是个关键。

（3）断件的焊接修复。断件的焊修工艺是利用相应手段使原件吻合良好，然后点焊几处，使尺寸和精度符合要求，其他补焊措施及要点与修复裂缝件相同。值得注意的是，坡口要开一段焊一段，且两面交替进行，切不可贸然地一次把坡口全部开出，那样保证不了尺寸精度。有条件的话可用刚性固定法夹持施焊。

（二）钢制零件的补焊

补焊主要是为修复裂纹和补偿磨损尺寸。钢的品种繁多，其焊接性差异很大。一般来说，含碳量越高、合金元素种类和数量越多，焊接性越差。焊接性差主要指在焊接时容易产生裂纹。钢中碳、合金元素含量越高，出现裂纹的可能性越大。

1.低碳钢零件

低碳钢零件，由于可焊性良好，补焊时一般不需要采取特殊的工艺措施。只有在特殊情况下（例如，零件刚度很大或低温补焊时有出现裂纹的可能），要注意选用抗裂性优质焊条，同时采用合理的焊接工艺以减少焊接应力。

2.中、高碳钢零件

中、高碳钢零件，由于钢中含碳量较高，焊接接头容易产生焊缝内的热裂纹、热影响区内由于冷却速度快而产生的低塑性淬硬组织引起的冷裂、焊缝根部主要由于氢的渗入而引起的氢致裂纹等。

二、堆焊

（一）堆焊的特点

堆焊技术的物理本质、工艺原理、冶金过程和热过程的基本规律与一般的焊接技术没有区别。但是它也有其自身的特点，主要如下。

（1）堆焊的目的是用于表面改质，堆焊材料与基体材料往往差别很大，因而具有异种金属焊接的特点。

（2）与整个机件相比，堆焊层仍是很薄的一层，因此其本身对整体强度的贡献，不像通常焊缝那样严格，只要能承受表面耐磨等要求即可。堆焊层与基体的结合力，也无很高要求，一般冶金结合即可满足，但是必须保证工艺过程中对基体的强度不损害，或者损害可控制在允许限度之内。

（3）要保证堆焊层自身的高性能，要求尽可能低的稀释率。

（4）堆焊用于强化某些表面，因而希望焊层尽可能平整而均匀。这要求堆焊材料与基体应有尽可能好的润湿性和尽可能好的流平性。

（二）堆焊方法

几乎所有熔焊方法均可用于堆焊。目前应用最广的有焊条电弧堆焊、氧乙炔焰堆焊、振动堆焊、埋弧堆焊、等离子弧堆焊等。

1.埋弧堆焊原理

埋弧堆焊原理是电弧在焊剂下形成。由于电弧的高温放热，熔化的金属与焊剂蒸发形成金属蒸气与焊剂蒸气，在焊剂层下造成一密闭的空腔，电弧就在此空腔内燃烧。空腔的上面覆盖着熔化的焊剂层，隔绝了大气对焊缝的影响。由于气体的热膨胀作用，空腔内的蒸气压略大于大气压力。此压力与电弧的吹力共同作用把熔化金属挤向后方，加大了基体金属的熔深。与金属一同挤向熔池较冷部分的熔渣相对密度较小，在流动过程中渐渐与金属分离而上浮，最后浮于金属熔池的上部。因其熔点较低，凝固较晚，故减慢了焊缝金属的冷却速度，使液态时间延长，有利于熔渣、金属及气体之间的反应，可更好地清除熔池中的非金属质点、熔渣和气体，可得到化学成分相近的金属焊层。

2.埋弧堆焊设备

埋弧堆焊设备包括堆焊电源、送丝机构、堆焊机床和电感器。堆焊电源是直流的，能提供电压0～26V、电流0～320A。送丝机构应能实现无级调节，速度一般在0.0 167～0.05m/s之间。堆焊机床可根据欲修工件的要求设计，一般要求其主轴转速能在0.3～10r/min范围内做无级调节，堆焊螺距在2.3～6mm/r内调节。

第七节　粘接修复技术

一、粘接的特点

（一）粘接的优点

（1）不受材质的限制，相同材料或不同材料、软的或硬的、脆性的或韧性的各种材料均可粘接，且可达到较高的强度，可实现金属和非金属以及其他各种材料之间的粘合。

（2）与焊接、铆接、螺纹连接相比，可减轻结构重量的20%～25%，并且表面光滑、美观。

（3）粘接接缝具有良好的密封性和化学稳定性，有不泄漏、耐蚀、耐磨、绝缘等性能，有的还具有隔热、防潮、防振、减振等性能。

（4）粘接工艺简便、易行，不需要复杂设备，节省能源，成本低廉，生产率高，便于现场修复。

（5）粘接不破坏原件的强度，接头的应力分布均匀，工艺过程中温度不高，不会引起基体（或称母材）金相组织发生变化或产生热变形，因而可以粘补铸铁件、铝合金件和薄件、微小件，而不会出现烧损、应力集中和局部变形与裂纹、强度下降等现象。

（二）粘接的缺点

（1）粘接不耐高温，一般有机合成粘结剂只能在150℃以下的环境中长期工作，某些耐高温胶也只能达到300℃左右（无机胶例外）。

（2）粘接接头的耐冲击性能较差，抗弯和不均匀扯离强度低。粘接接头在长期与空气、热和光接触的条件下，胶层容易老化变质。

（3）与焊接、铆接相比，粘接强度不高。

（4）使用有机粘结剂尤其是溶剂型粘结剂，存在易燃、有毒等安全问题。

（5）粘接质量尚无可行的无损检测方法，因此应用受到一定的限制。

二、粘接方法

（一）热熔粘接法

热熔粘接法是利用加热使粘接面熔融，然后叠合加压、冷却凝固达到粘接目的。它适用于热塑性塑料之间的粘接，大多数热塑性塑料加热至150～230℃即可粘接。

（二）溶剂粘接法

溶剂粘接法是将相应的溶剂涂于或滴于粘接处，待溶剂使其变软，再合拢施加一定压力，溶剂挥发后便可粘接牢固，效果令人满意。该方法是热塑性塑料的粘接中最普遍和最简单的方法。为便于控制，更常用的是将溶剂与被粘塑料相同或结构相似的树脂预先配制成一定浓度的溶液，再进行粘接。该方法使用方便，粘接强度较高。

（三）粘结剂粘接法

粘结剂粘接法是将两种材料或两个制件粘接合在一起，并在粘接接头上施以足够的粘接力，使之成为牢固的接头的粘接法。该方法用得最广，可以粘接各种材料，如金属与金属、金属与非金属、非金属与非金属等。粘结剂粘接法是机械设备维修用得最多、应用最普遍的方法。

三、粘接工艺

仅凭好的粘结剂未必能获得高的粘接强度，粘接强度很大程度上取决于粘接工艺。因此，粘接工艺是很重要的实践应用技术。

粘接的一般工艺过程包括确定粘接位置、表面处理、配胶、一次涂胶、二次涂胶、晾置、对接、胶合、滚压、固化、检验和整修等步骤。

（1）确定粘接位置。在粘接前，要对粘接部位的情况有比较清楚的了解，如表面磨损、破坏、清洁、裂纹、位置等情况。只有通过认真观察、检查，才能确定出适当的粘接部位。

（2）表面处理。用机械、物理或化学方法清洁被粘物的表面，以利于粘结剂很好地湿润和浸透，使粘接牢固。

表面预处理即用适当的方法使表面清洁、无油、无锈。其顺序是先表面清理，再除油，最后除锈。表面处理后应立刻粘接。

（3）配胶。胶液现用现配，不能久置，以免失效。环氧树脂和酚醛树脂配好胶后，仅停顿3～5min就失效，采用一次涂胶工艺。α–氰基丙烯酸酯粘结剂、聚氨酯粘结剂和氯丁粘结剂等可晾置10～15min，采用两次涂胶工艺效果较好；配胶时，将两次涂胶的量一同配出。

（4）涂胶。晾置粘接的关键技术是涂胶。胶液配好，经过搅拌均匀后呈糊状，用适当的工具（如刮铲）将胶液刮涂在被粘面上，不用刷涂、喷涂、注入和滚涂等方法。

第一次涂胶，用量为胶液的一半，使胶液流入刮铲上，单方向刮涂1～2次，要求形成均匀而细密的薄薄一层。切忌反复刮涂，形成胶液堆积；胶液刮涂越厚，粘接质量越差。第一次涂胶后，需要晾置5～10min。待用手指触摸胶液而粘手时，将另一半胶液进行第二次刮涂，同样要求均匀而细密；如有多余的胶液则闲置，不能造成胶液堆积。第二次涂胶后，再晾置5～10min。待用手指触摸胶液而粘手时，就是粘接的最好时刻。

注意：粘接件的两个面都要按上述工艺刮胶。

（5）对接与胶合。在粘接最佳时刻，将粘接件的两个面对正进行粘接胶合。胶合后不准错动，以防拉丝。更不能揭开重粘，否则粘接头报废。胶合后，可用按压、滚压和锤打等方法挤压空气，使胶层更密实。

（6）固化。固化又称硬化，是粘结剂经过化学作用变硬的过程。固化有室温固化和高温固化两种方式，室温固化是初步固化，高温固化是进一步获得更高的粘接性能。

（7）整修。固化后经初步检验合格的称为粘结件。为满足尺寸精度和表面粗糙度的要求，需要进行适当的整修加工，方法有锉、刮、车、刨、磨等。在整修中应尽量避免胶层受到冲击力和剥离力。

四、粘接技术的应用

由于粘接有许多优点，从机械产品制造到设备维修，几乎无处不可利用粘接来满足工艺需要。粘接技术的应用主要有以下六方面。

（1）用结构粘结剂粘接修复断裂件。

（2）用粘结剂补偿零件的尺寸磨损。

（3）用粘接代焊、代铆、代螺、代固等。例如，以环氧粘结剂代替锡焊、点焊，达到省锡、节电的目的。

（4）用于零件的密封堵漏。例如，用密封胶密封液压缸、管路接头，铸件砂眼、孔洞等可用胶填充堵塞而使其不泄漏。

（5）用于零件的防松紧固。用粘接代替防松零件，如开口销、止动垫圈等。

（6）用粘接代替离心浇注制作滑动轴承的双金属轴瓦，既可保证轴承的质量，又可解决中小企业缺少离心浇注专用设备的问题，是应急维修的可靠措施。

参考文献

[1] 王延飞.综合机械化采煤工艺[M].北京：煤炭工业出版社，2019.

[2] 胡方田，邓晓刚.综合机械化采煤技术[M].徐州：中国矿业大学出版社，2020.

[3] 辛华.石油机械设备可靠性研究及应用[M].北京：石油工业出版社，2021.

[4] 刘忠，李劲.石油机械生产实习指导书 富媒体[M].北京：石油工业出版社，2022.

[5] 钟功祥.采油机械[M].北京：石油工业出版社，2022.

[6] 苑同宝，施颖.农业机械营销实务[M].北京：机械工业出版社，2021.

[7] 靳安平，李保海.新编农业机械安全驾驶操作手册[M].银川：宁夏阳光出版社，2021.

[8] 王锡樵.轴承钢热处理应用技术[M].北京：机械工业出版社，2023.

[9] 轧制技术及连轧自动化国家重点实验室（东北大学）.高铁渗碳轴承钢的热处理工艺及组织性能[M].北京：冶金工业出版社，2020.

[10] 王迎春，程兴旺.热处理工艺学[M].北京：北京理工大学出版社，2021.

[11] 罗志坚，孙强.起重机械常见安全管理问题解析[M].湘潭：湘潭大学出版社，2021.

[12] 孙文涛.电梯机械设备大修[M].北京：中国劳动社会保障出版社，2020.

[13] 詹永贵.电梯机械安装与维修技术[M].天津：天津科学技术出版社，2019.

[14] 人力资源社会保障部教材办公室.电梯井道机械部件安装[M].北京：中国劳动社会保障出版社，2020.

[15] 朱霞.电梯结构及原理[M].北京：机械工业出版社，2019.

[16] 孙文涛，张旭涛.电梯运行与维护[M].北京：机械工业出版社，2019.

[17] 吕海涛.电梯技术检验[M].长春：吉林科学技术出版社，2020.

[18] 吴瑞超，张井彦，潘若龙.电梯维护与保养[M].北京：北京理工大学出版社，

2019.

[19] 刘勇，张菲菲.电梯安全技术[M].北京：机械工业出版社，2019.

[20] 建筑施工特种作业人员培训教材编委会.建筑起重机械安装拆卸工　塔式起重机[M].北京：中国建筑工业出版社，2021.

[21] 陈晓苏.建筑起重机械安装拆卸工[M].北京：中国建筑工业出版社，2021.

[22] 宋嘎，陈恒超.数控机床安装与调试[M].北京：北京理工大学出版社，2020.

[23] 闫莉丽.电梯整机电气设备安装与调试[M].北京：中国劳动社会保障出版社，2020.

[24] 卫小兵.电梯检验与维护实用手册[M].北京：中国纺织出版社，2019.

[25] 李科，郑晓飞.电梯检验检测技术[M].延吉：延边大学出版社，2019.

[26] 罗志群，代清友.电梯及其部件检验检测技术[M].2版.苏州：苏州大学出版社，2019.

[27] 张宏亮，李杰锋.电梯检验工艺手册[M].3版.北京：中国标准出版社，2022.

[28] 王振成，张雪松.机电设备管理故障诊断与维修技术[M].重庆：重庆大学出版社，2020.

[29] 王振成.设备管理故障诊断与维修[M].重庆：重庆大学出版社，2020.

[30] 梁荣汉，杨辉.机电一体化设备维修技术[M].武汉：武汉大学出版社，2019.

[31] 喻树洪.设备维修方法[M].北京：中国工人出版社，2021.

[32] 王炬成，赵虹，高霆.船舶建造技术原理与方法[M].哈尔滨：哈尔滨工程大学出版社，2021.

[33] 杨文林.船舶建造[M].2版.哈尔滨：哈尔滨工程大学出版社，2021.

[34] 魏莉洁.船舶建造工艺[M].2版.哈尔滨：哈尔滨工程大学出版社，2022.

[35] 谢荣，张宏飞.船舶建造资源管理[M].哈尔滨：哈尔滨工程大学出版社，2020.

[36] 朱新河，刘勇，董文仲.船舶柴油机重要零部件维修技术及应用[M].大连：大连海事大学出版社，2019.

[37] 马昭胜.船舶电气设备维护与修理[M].北京：机械工业出版社，2020.

[38] 刘晓丽，戴武，吴璇璇.船舶柴油机使用与维护[M].北京：北京理工大学出版社，2021.